JN289809

原寸図鑑
ののはなさんぽ

――多摩丘陵のいちねん――

フキノトウ

絵と文　五味岡玖壬子

もくじ

はる

福寿草(フクジュソウ)　8
蕗(フキ)　8
大犬の陰嚢(オオイヌノフグリ)　9
春蘭(シュンラン)　9
仏の座(ホトケノザ)　10
姫踊子草(ヒメオドリコソウ)　10
雀の槍(スズメノヤリ)　10
踊子草(オドリコソウ)　11
大紫羅欄花(オオアラセイトウ)　12
東一華(アズマイチゲ)　13
烏野豌豆(カラスノエンドウ)　14
雀野豌豆(スズメノエンドウ)　15
かす間草(カスマグサ)　15
立坪菫(タチツボスミレ)　16
丸葉菫(マルバスミレ)　16
姫菫(ヒメスミレ)　16
坪菫(ツボスミレ)　17
アメリカ菫細辛(アメリカスミレサイシン)　17
燈台草(トウダイグサ)　18
杉菜(スギナ)　18
三葉土栗(ミツバツチグリ)　19
薺(ナズナ)　20
母子草(ハハコグサ)　21
宝鐸草(ホウチャクソウ)　21
姫烏頭(ヒメウズ)　22
一人静(ヒトリシズカ)　22
二人静(フタリシズカ)　23
紫華鬘(ムラサキケマン)　24
次郎坊延胡索(ジロボウエンゴサク)　24
射干(シャガ)　25
垣通し(カキドオシ)　26
紫鷺苔(ムラサキサギゴケ)　26
桜草(サクラソウ)　27
碇草(イカリソウ)　28
蛍蔓(ホタルカズラ)　28
十二単衣(ジュウニヒトエ)　29
山瑠璃草(ヤマルリソウ)　29
筆竜胆(フデリンドウ)　29
稚児百合(チゴユリ)　30
深山鳴子百合(ミヤマナルコユリ)　31
一輪草(イチリンソウ)　32
二輪草(ニリンソウ)　33
山吹草(ヤマブキソウ)　34
馬の脚形(ウマノアシガタ)　35
田辛し(タガラシ)　35

熊谷草(クマガイソウ)　36	白詰草(シロツメクサ)　56
金蘭(キンラン)　38	薬玉詰草(クスダマツメクサ)　57
銀蘭(ギンラン)　39	米粒詰草(コメツブツメクサ)　57
小葉の立浪(コバノタツナミ)　40	なつ
色エンピツぬり方のコツ　40	姫女苑(ヒメジョオン)　58
海老根(エビネ)　41	捩花(ネジバナ)　59
烏柄杓(カラスビシャク)　42	露草(ツユクサ)　59
痩靫(ヤセウツボ)　43	大葉子(オオバコ)　60
長実雛罌粟(ナガミヒナゲシ)　44	爆蘭(ハゼラン)　61
豚菜(ブタナ)　45	藪虱(ヤブジラミ)　62
鬼田平子(オニタビラコ)　46	岡虎の尾(オカトラノオ)　63
小鬼田平子(コオニタビラコ)　46	梅笠草(ウメガサソウ)　64
桔梗草(キキョウソウ)　47	蛍袋(ホタルブクロ)　64
雛桔梗(ヒナギキョウ)　47	蕺草(ドクダミ)　65
狐薊(キツネアザミ)　48	待宵草(マツヨイグサ)　66
野薊(ノアザミ)　49	雌待宵草(メマツヨイグサ)　67
姫小判草(ヒメコバンソウ)　50	鬼灯(ホオズキ)　68
毛狐の牡丹(ケキツネノボタン)　51	昼顔(ヒルガオ)　69
雪の下(ユキノシタ)　52	姫檜扇水仙(ヒメヒオウギズイセン)　70
庭石菖(ニワゼキショウ)　53	犬胡麻(イヌゴマ)　71
昼咲月見草(ヒルザキツキミソウ)　54	藪萱草(ヤブカンゾウ)　72
赤花夕化粧(アカバナユウゲショウ)　54	野萱草(ノカンゾウ)　73
虫捕り撫子(ムシトリナデシコ)　55	半夏生(ハンゲショウ)　74
野博多唐草(ノハカタカラクサ)　55	鬼野老(オニドコロ)　75
紫詰草(ムラサキツメクサ)　56	秋の田村草(アキノタムラソウ)　76

河原撫子(カワラナデシコ)　77

葛(クズ)　79

山百合(ヤマユリ)　80

馬の鈴草(ウマノスズクサ)　82

鬼百合(オニユリ)　83

竹似草(タケニグサ)　84

夏水仙(ナツズイセン)　86

狐の剃刀(キツネノカミソリ)　87

烏瓜(カラスウリ)　88

山杜鵑草(ヤマホトトギス)　89

金水引(キンミズヒキ)　90

河原決明(カワラケツメイ)　91

洋種山牛蒡(ヨウシュヤマゴボウ)　92

屁糞蔓(ヘクソカズラ)　94

仙人草(センニンソウ)　95

目弾き(メハジキ)　96

釣鐘人参(ツリガネニンジン)　97

小蒲(コガマ)　98

姫莎草(ヒメクグ)　98

烏の胡麻(カラスノゴマ)　99

現の証拠(ゲンノショウコ)　99

あき

水引(ミズヒキ)　100

紫狗尾草(ムラサキエノコログサ)　100

狗尾草(エノコログサ)　100

吾亦紅(ワレモコウ)　101

狐の孫(キツネノマゴ)　102

菊芋(キクイモ)　103

女郎花(オミナエシ)　104

男郎花(オトコエシ)　105

蔓穂(ツルボ)　106

雁首草(ガンクビソウ)　106

鵯上戸(ヒヨドリジョウゴ)　107

彼岸花(ヒガンバナ)　108

野豇豆(ノササゲ)　110

南蛮煙管(ナンバンギセル)　111

紅花襤褸菊(ベニバナボロギク)　111

柚香菊(ユウガギク)　112

野紺菊(ノコンギク)　113

姫昔蓬(ヒメムカシヨモギ)　114

薬師草(ヤクシソウ)　115

釣舟草(ツリフネソウ)　115

風草(カゼグサ)　116

小鮒草(コブナグサ)　116

糠黍(ヌカキビ)　117

犬蓼(イヌタデ)　118

秋明菊(シュウメイギク)　119

小栴檀草(コセンダングサ)　120

石蕗(ツワブキ)　121

はじめに

　自然の中を歩くだけでも、この上ない解放感と爽快感に満たされますが、足元をよく見ると野の花が可憐な姿で私たちをなごませてくれています。

　誰の手も借りずに大地に根を張って逞しく生きている野の花たちは、どんなに小さく目立たない花も、ちゃんと名前を持っています。その上、とても個性的です。

　『ののはなさんぽ』はそんな野の花たちのことをもっと知るためにつくりました。

　とりあげた141種類のほとんどは、私たちの身近で見られるものです。多摩丘陵に限らず、広く分布しているものが多いので、どの地域の道ばたや草むら、雑木林などでもきっと見かけることができるはずです。

　カラーページは色鉛筆で色をつけましたが、モノクロページの方は"ぬり絵"として楽しんでいただけたらと思っています。

　散歩の時、もし出会ったらどうぞ色を塗ってみてください。（P40「色エンピツぬり方のコツ」を参考にしてください）

　そして、愛らしい野の花たちと友だちになってください。

この本について

- 花の絵はすべて実物大です。背丈の高いものは縮小して、全体の姿を横に載せました。
- 春〜秋、花期に合わせてそれぞれインデックスをつけました。この分類は、主に『山渓ポケット図鑑』を参考にしました。
- 植物名は漢字を中心とし、読み方は（ ）内にカタカナで記しました。複数の漢字名を持つ植物の場合、一般的と思われるものを選びました。
  これは"名前の由来"や"別名"に関しても同じです。
- 本文中のふり仮名は、植物名にはカタカナ、それ以外のものはひら仮名としました。
- 花期や植物の高さの記述は、主に『野に咲く花』『山に咲く花』（共に山と渓谷社）を参考にしました。
- 原産地を記入しているものは、外国から日本へ渡ってきた帰化植物です。

用語について

1 年 草 … 春に芽を出し、夏から秋に開花結実してその年のうちに枯れてしまう草のこと。

2 年 草 … 発芽後、開花結実して枯れるまでの期間が2年にまたがる草のことで、越年草ともいう。

多 年 草 … 地上部が枯れても、根や地下茎が2年以上生きている草のこと。

雌雄同株 … 雄花と雌花があって、その両方が同一の株につくこと。

雌雄異株 … 雌花と雄花とが、株をちがえて花をつけるもの。

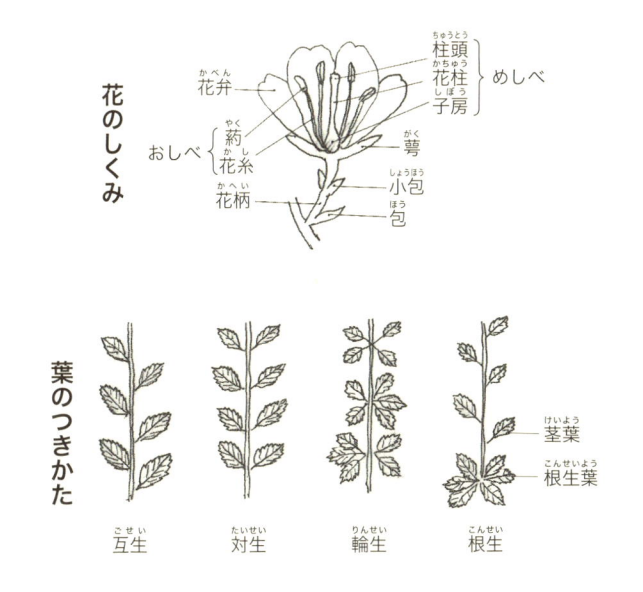

花のしくみ

柱頭・花柱・子房 … めしべ
花弁
葯・花糸 … おしべ
萼
花柄
小苞
苞

葉のつきかた

茎葉
根生葉

互生　対生　輪生　根生

はる

福寿草 (フクジュソウ)

キンポウゲ科
山地に生える多年草

[名前の由来]
旧暦の新春に花を開く
ところから"福・寿"の文字を
用いて命名された
別名：元日草(ガンジツソウ)

ほんとうは ワイルドなんです

鉢植えばかりが フクジュソウでは
ありません。寒さに強いので、北国では
野生種が逞しく自生しています

花：黄色で金属光沢がある
花期：3〜4月
高さ：10〜20cm

太陽に顔
向けて咲く
花びらは
10〜20枚

蕗 (フキ)

キク科・雌雄異株(しゆういしゅ)
山野に生える多年草

蕗の薹(フキノトウ)は
"蕗の花芽"です

春の香りとほろ苦さを
目と鼻と胃で満喫したい
欲張りな私たち

花：
雄株(おかぶ)…
黄色っぽい
雌株(めかぶ)…白色

8

はる

大犬の陰嚢
(オオイヌノフグリ)

ゴマノハグサ科
ヨーロッパ原産の2年草
明治時代に渡来した

[名前の由来]
実の形が犬の陰嚢に似ているところから
"大"がついたのは同じ仲間の「犬の陰嚢」より花が大きいことによる

春まだ遠い
2月のお日さまの
光の中で
青く輝いています

一日花(いちにちばな)で
花が終わると
ポロンと
落ちます

花：ルリ色
花期：2～5月
茎の長さ：20～40cm

春蘭
(シュンラン)

ラン科

野生のランは
ひかえめなのが
よいところ

山地や
丘陵地に
生える多年草

[名前の由来]
春いちばん早く花を
つける蘭ということから

別名：黒子(ホクロ)
唇弁(しんべん)の斑点を黒子に見立てた

花：
淡黄緑色
花期：
3～4月
高さ：10～25cm

はる

仏の座（ホトケノザ）

シソ科

道ばたや空き地に生える2年草

花：紅紫色
花期：3～6月
高さ：10～30cm

有毒です

[名前の由来]
対生（たいせい）する葉を仏様が座る蓮の花にたとえた

別名：三階草（サンガイソウ）
葉が段々につくことから

姫踊子草（ヒメオドリコソウ）

シソ科

ヨーロッパ原産の2年草
明治中期に渡来

[名前の由来]
「踊子草」に似ていて小さいことから"姫"

花：淡紅色
花期：4～5月
高さ：10～25cm

茎：四角

雀の槍（スズメノヤリ）

イグサ科

草地に生える多年草

花：赤褐色
花期：4～5月
高さ：10～30cm

[名前の由来]
たくさんの花が集まった頭花（とうか）の形を大名行列の毛槍にたとえた

のどかな春の野原のあちこちに毛槍が立って「下にぃ下にぃ」

はる

踊子草
(オドリコソウ)
シソ科

独特のこの匂い！
小い頃蜜を吸って
遊んだことが
瞬時に蘇りました
恐るべし！
嗅覚の記憶

山野や道ばたの
半日陰に生える
多年草

[名前の由来]
花の形を
笠をかぶった
踊子に
たとえた

花：白色・
　　淡紅紫色
花期：3〜4月
高さ：30〜50cm

シソ科の特徴
- 花が唇形
- 茎が四角形
- 葉が十字対生

[茎：四角]

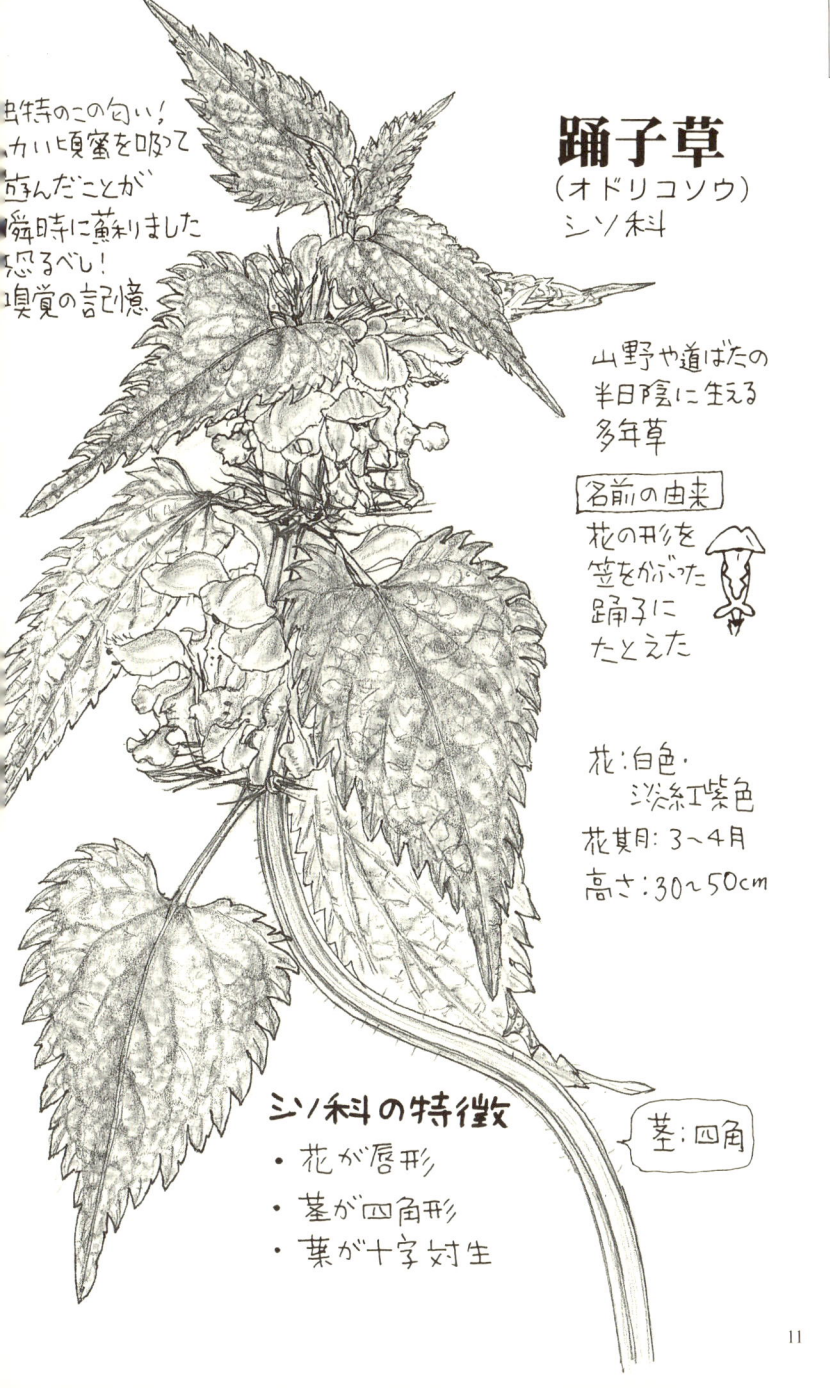

はる

大紫羅欄花
（オオアラセイトウ）

アブラナ科

道ばたや空き地
に生える
2年草

中国原産で
江戸時代に
渡来した

名前の由来
「紫羅欄花」は「ストック」の
古い呼び名で
"大"がついたのは
それより大きいから

別名：諸葛菜（ショカッサイ）
漢名で諸葛
孔明が軍陣の
食糧として
作らせた故事から
命名された

他に 花大根（ハナダイコン）・紫金草（シキンソウ）・
紫花菜（ムラサキハナナ）などと呼ばれています

花：淡紫色〜
　　紅紫色
花期：3〜5月
高さ：30〜80cm

はる

東一華 (アズマイチゲ)

キンポウゲ科

落葉樹林内や林縁・草地
などに生える多年草

早春季植物
スプリングエフェメラル*

Spring ephemeral
＝春のはかない命＝

芽吹き前の落葉広葉樹の林で花を咲かせて、他の植物が繁る前に地上から姿を消してしまう植物のこと。

アズマイチゲの他、カタクリ・イチリンソウ・ニリンソウ・フクジュソウ・セツブンソウなどがそうです。

***エフェメラル**
ギリシャ語のエフェメロス(1日だけの命)からきた言葉。

葉っぱは垂れ下がっています

名前の由来

"東"は関東のことでこの地方に特に多く咲くことから

"一華"は1本の茎に花を1個だけつけることによる

花：白色〜
　　ごく淡い紫色

花期：3〜5月

高さ：15〜20cm
　　ときに30cm

はる

揃いました！（野原の）エンドウ三兄弟

次男の名前にクスクス…
いずれもマメ科で道ばたや畑など
日当たりのよいところに生える
2年草です

大らかな笑顔のようなピンクの花についつい私もニッコリ

これが **托葉** で
黒っぽいのが **蜜腺**

ここから出る蜜を吸いにアリが登ってきます

いちばん先に咲き出します

花：紅紫色
花期：3〜6月

烏野豌豆 【長男】
（カラスノエンドウ）

[名前の由来]
豆果が黒く熟すのを烏に
たとえた

・比べてみると・

	巻きひげ	種子
カラスノエンドウ	枝分かれする	5〜10個
カスマグサ	枝分かれしない	無毛 3〜5個
スズメノエンドウ	枝分かれする	毛が生える 2個

はる

花：白に近い
淡紫色

花期：
4〜6月

三男 **雀野豌豆**
（スズメノエンドウ）

名前の由来
「烏野豌豆」より
小さいから烏に対して
雀です

長男に比べると
次男・三男はグンと
地味な花です

次男 **かす間草**
（カスマグサ）

名前の由来
カラスとスズメの中間ほどの
大きさなのでこの名前

花：淡紅紫色
花期：4〜5月

兄弟の順序を勝手に決め
たのは私です。かす間草は
"かす間"だからまん中かなぁ
なんて…学問的なことでは
ありません

15

はる

立坪菫 (タチツボスミレ)

茎が立つところから
"立つ坪菫"の意味

花：淡紫色
花期：4〜5月

日本中に
いちばん
多い
スミレです

毎年春には
必ず出会える
私たちの身近で
咲くスミレたち
です

スミレの仲間は
世界中に400種以上
日本には約50種
あります

丸葉菫
(マルバスミレ)

花も葉も
丸みがある

花：白色で紫の
　すじが少し入る
花期：4〜5月上旬

見分けるポイント

葉柄のつけ根の
托葉がクシの歯状

姫菫 (ヒメスミレ)

花：濃紫色
花期：4月

ほんとに小さな
かわいいスミレ

別名：
ケマルバスミレ

はる

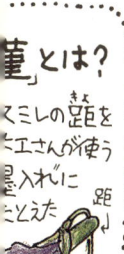

坪菫 (ツボスミレ)

"坪"は庭の意味

別名：
如意菫
(ニョイスミレ)

如意は"孫の手"に似た仏具で葉の形による

小さめのスミレでスミレの中で最も花葉月が遅いもののひとつ

花：白色で紫色のすじが目立つ
花期：4〜5月

菫とは？
スミレの距を大工さんが使う墨入れに見たてた
距

べてスミレ科の多年草です

アメリカ菫細辛

(アメリカスミレサイシン)

根茎が"菫細辛"のように太くて節くれだっており北アメリカ原産なのでこの名前がついた

菫細辛は日本海側の多雪地帯に生えるスミレです

別名：パピリオナケア

花：紫色
花期：3〜5月

繁殖力が旺盛でどんどんふえています

はる

燈台草
(トウダイグサ)

トウダイグサ科

道ばたや土手に生える2年草

[名前の由来]

平らで丸い葉が昔使われていた燈明台に似ているところから

茎の先に5枚の葉が輪生 その中花が入っています

いい匂いだけれど有毒！

花：黄色
花期：4～6月
高さ：20～40cm

杉菜 (スギナ)

トクサ科の多年草

[名前の由来]

杉菜：草全体の形が杉の樹形に似ているから

土筆：形が筆先に似ているから

高さ： スギナ…10～40cm
　　　 ツクシ…10～20cm

ツクシは3月頃から顔を出します

先に出るのがツクシ

スギナは長く横にはう地下茎を持ち、春、その節から地上茎を伸ばします。

地上茎には先に出る胞子茎（ツクシ）と少し遅れて出る栄養茎（スギナ）があります。

スギナは胞子で増えるシダ植物なので、ツクシは普通の植物でいえば花に相当する器官となります。

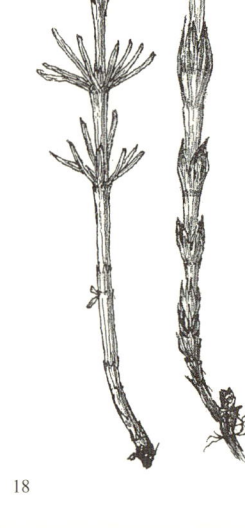

はる

三葉土栗
(ミツバツチグリ)

バラ科

山野の日当たりのよいところに生える多年草

名前の由来

「土栗」に似ていて葉が3小葉であることから

「土栗」：西日本の山野に多く小葉が3〜7個　根茎を焼くと栗のような味で食べられる

花：黄色
花期：4〜5月
高さ：15〜30cm

★つるを伸ばして地をはいます

ミツバツチグリの根茎は食べられません

バラ科の仲間で小さな花
花びら5枚のそっくりさん

春は黄色の花ざかり！

キジムシロ **雉蓆**	ヘビイチゴ **蛇苺**	ヤブヘビイチゴ **藪蛇苺**
「山野でキジが座るムシロ」	「人は食べずヘビが食べるイチゴ」	
茎は何本も斜めに立ち地をはわない	日当たりのよいやや湿ったところが好き　茎は地をはう	やや日陰を好む　葉の緑が濃い　光沢がある

19

薺 (ナズナ)

アブラナ科

道ばたに生える2年草

花：白色
花期：3〜6月
高さ：10〜40cm

名前の由来

"撫でたくなるほどかわいい菜"という意味の"撫で菜"が変化した

別名：ペンペン草
果実の形が三味線のバチに似ているところから

はる

母子草 (ハハコグサ) キク科

道ばたや空き地に
生える多年草

花:淡黄色
花期:4〜6月
高さ:15〜40cm

|名前の由来|
全体に綿毛があり
覚毛がほおけだつ
ところからホオコグサと
呼び転訛化した
他の説もあります

別名:ホオコグサ・御形(オギョウ)

> ナズナと
> ハハコグサ
> (別名 オギョウ)は
> "春の七草"の
> ひとつです

宝鐸草 (ホウチャクソウ)

ユリ科
丘陵地の林に生える多年草

> 茎が上部で枝分かれ
> しているのが特徴

|名前の由来|
五重塔の軒下に吊るす
宝鐸に花が似ている
ところから

花:緑白色
花期:4〜5月
高さ:30〜60cm

有毒です

はる

姫烏頭 (ヒメウズ)

キンポウゲ科

山麓の草地や道ばたなどに生える多年草

これは萼でおしべとめしべを筒状に包んでいるのが花びら 花は下を向いて咲きます

名前の由来

"烏頭"とはトリカブトのことで花ではなく葉や根茎が似ているところから"小さなトリカブト"の意味で名づけられた

花期：3〜5月
高さ：10〜30cm

花：
萼…白色または淡紫色
花びら…黄色

一人静 (ヒトリシズカ)

センリョウ科

山野の林内や草地に生える多年草

日陰が好きで光沢のある4枚の葉に包まれるようにして咲いています

はる

大きな葉ばかりがよく目立ち
ちょっと名前負けの感があります

二人静
(フタリシズカ)

センリョウ科

山野の林内に生える多年草

|名前の由来|

白く清楚な花を静御前にたとえた
"一人"は花の穂が1個だけつくことから

花：花びらも萼(がく)もなく白い糸のように伸びているのは花糸(かし)

花期：4〜5月

高さ：10〜30cm

|名前の由来|

花の穂が2個以上つくものが多いので「一人静」に対して命名された

花：白色（米粒のようなのが1個の花）

花期：4〜6月

高さ：30〜60cm

はる

紫華鬘
（ムラサキケマン）

ケシ科
やや湿った
草地に
生える2年草

[名前の由来]

"華鬘"は
仏殿の
欄間などを
飾る仏具の
ことで それに
たとえた

やわらかい
葉っぱの
グリーンが
よく目立ちます
有毒です

花：紅紫色
花期：4〜6月
高さ：20〜50cm

次郎坊延胡索
（ジロボウエンゴサク）

ケシ科
川岸・山地などに
生える多年草

[名前の由来]

↑距

伊勢地方
で 昔
これを
次郎坊

スミレを
太郎坊と
呼んで
花の距を
からませて
勝負を
競って
遊んだ
ことに
よる

"延胡索"は
この仲間の
漢名

花：紅紫色〜
　　青紫色
花期：4〜5月
高さ：10〜20cm

はる

射干 (シャガ)

アヤメ科
林内に生える
常緑の多年草

古い時代に
中国から渡来
したといわれる

花：淡白紫色
花期：4〜5月
高さ：30〜70cm

朝咲いて
その日のうちに
しぼむ
一日花(いちにちばな)です

うす紫色の地に
濃い紫色と
黄色のアクセント
和風のおしとやかな
お嬢さんという
感じでしょうか

※「檜扇」は
関西では
祭の花とされ
京都の祇園祭
にも生けられる

名前の由来

「檜扇(ヒオウギ)」の漢名「射干(シャカン)」
が誤認され訛って
"シャガ"と名づけられ
たといわれる

はる

垣通し
(カキドオシ)

シソ科
野原や
道ばたに
生える
多年草

花:淡紫色
花期:4〜5月
高さ:5〜25cm

名前の由来
花が終わった
あとで茎が
地をはうように
つる状に伸び
垣根を
通り抜けて
隣の家まで
行ってしまう
という意味

別名:疳取草(カントリソウ)

子供の
疳を取る薬に
するところから

紫鷺苔
(ムラサキサギゴケ)

ゴマノハグサ科

少し湿ったところに
生える多年草

名前の由来
花を鳥の鷺に見立
草の姿が苔のように
みえることによる
同じ仲間に
白い花をつける
「鷺苔」があり
これに対しての紫

花:淡紫色
　〜紅紫色
花期:4〜5月
高さ:10〜15cm

はる

気取りのない美しさに
なんだかホッとします

花：紅紫色
花期：4〜5月
高さ：15〜40cm

桜草（サクラソウ）

サクラソウ科

少し湿り気のある川岸や
山麓に生える多年草

名前の由来

花びらが桜に
似ているところから

サクラソウ科は
「プリムラ」など園芸種
が多いのですが
　これは今では
　　あまり見かけなく
　　　なった自生種です

友人の庭に
咲いていたのを
描かせて
いただきました

よく似ているのが
常磐爆米（トキワハゼ）です

ほぼ一年中咲いていて
ムラサキサギゴケより
少し大きくて
白っぽい花です

はる

碇草 (イカリソウ)

メギ科

やわらかい葉っぱに白い毛

山地に生える多年草

名前の由来

花の形を舟船の碇に見立てた

花：紅紫色〜白色
花期：4〜6月
高さ：20〜40cm

蛍蔓 (ホタルカズラ)

ムラサキ科

乾いた草地や林縁に生える多年草

名前の由来

花の色を蛍にたとえた
名前に"蔓"がついたのは花が
終わったあとに翌年の新苗の
ためにつるを出すことから

吸いこまれるような青さ
花のまん中には白い星形の隆起があります

花：青紫色
花期：4〜5月
高さ：15〜20cm

はる

ここに登場したのは
ふつうの散歩で
ふつうに出会った
花ばかり
やっぱり
多摩丘陵は
今もすごい！

十二単衣
（ジュウニヒトエ）

シソ科
やや明るい林内や
道ばたに生える多年草

花：淡紫色
花期：4〜5月
高さ：10〜25cm

名前の由来
幾重にも重なって
咲く花の姿を
昔の女官の
衣装に見立てた

山瑠璃草
（ヤマルリソウ）

ムラサキ科
山地の木陰や
道ばたに
生える多年草

名前の由来
花の色
による

ワスレ
ナグサ
の仲間
です

大きな株をつくり
次々と花を咲かせ
ます

花：
淡青紫色
花期：4〜5月
高さ：7〜20cm

筆竜胆
（フデリンドウ）

名前の由来
閉じた花の
形が筆の
穂先を
思わせる
ところから

リンドウ科
山野の日当たりの
よいところに生える
多年草

くもりの日
花は開き
ません

花：青紫色
花期：4〜5月
高さ：6〜9月

はる

稚児百合
(チゴユリ)

ユリ科
山野の
林内に
生える
多年草

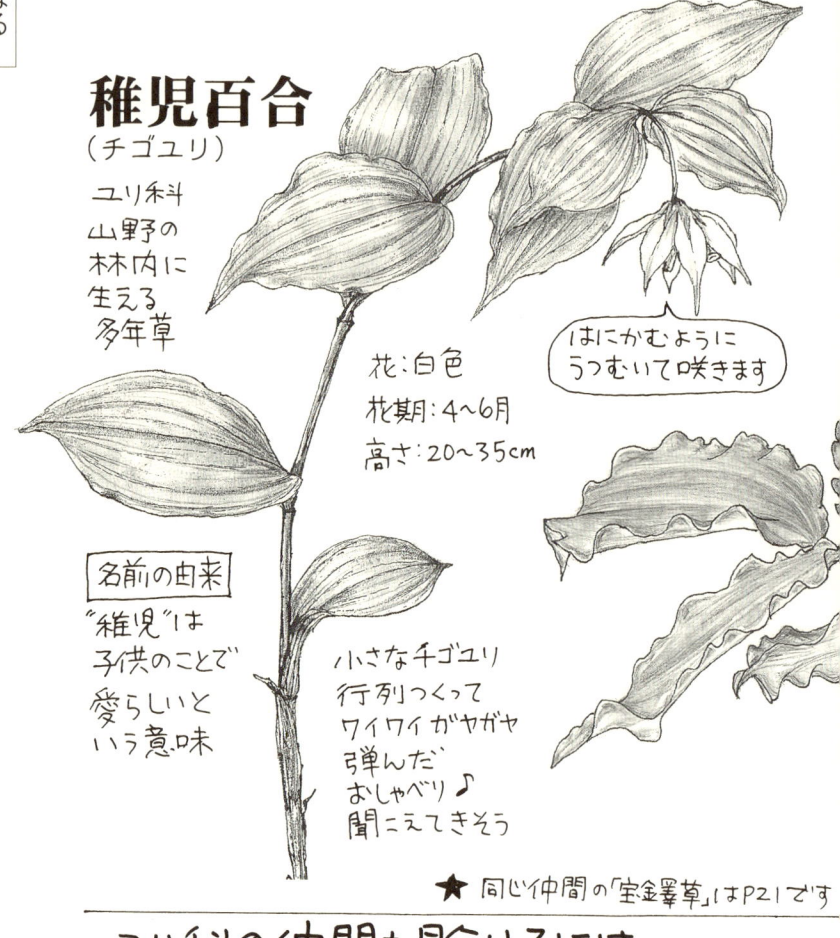

花:白色
花期:4〜6月
高さ:20〜35cm

はにかむように
うつむいて咲きます

名前の由来

"稚児"は
子供のことで
愛らしいと
いう意味

小さなチゴユリ
行列つくって
ワイワイガヤガヤ
弾んだ
おしゃべり♪
聞こえてきそう

★ 同じ仲間の「宝鐸草」はP21です

ユリ科の仲間を見分けるには

甘野老 (アマドコロ)

花は葉のもとから
1〜3個

花の先は
淡緑色で
6裂している

- 高さ:20〜60cm
- 茎に枝はない
  切り口は
  多角形 
- 葉は上へ向かって
  開くので花が
  よく見える
- 花期:4〜5月

鳴子百合 (ナルコユリ)

花は3〜6個ずつ
集まって咲く

花の先は緑色

背が高い

- 高さ:50cm〜1m
- 茎は丸い 
- 葉は細くて
  濃い緑色
- 花期:5〜6月

はる

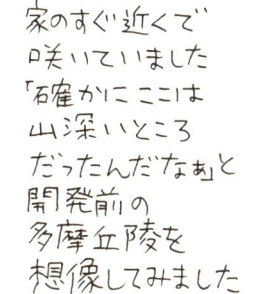

深山鳴子百合 (ミヤマナルコユリ)

ユリ科　山野の林内に生える多年草

葉のふちは波うっている
葉のウラは粉白緑色

名前の由来

垂れ下がって咲く花の列を"鳴子"に見立てた
同じ仲間に「鳴子百合」があり
"深山"は山深いところに咲くことからつけられた

鳴子：小さな板に小さい竹筒をぶら下げて音が鳴るようにしたもので田んぼの鳥獣よけ

花が左右に分かれて咲くのが特徴

家のすぐ近くで咲いていました
「確かにここは山深いところだったんだなぁ」と開発前の多摩丘陵を想像してみました

花：白色で先は緑色を帯びる
花期：5〜6月
高さ：30〜60cm

はる

一輪草
（イチリンソウ）

キンポウゲ科
山麓の草地や
林内に
生える
多年草

花：白色の
萼（がく）が
5〜6個

花期：4〜5月

高さ：20〜25cm

名前の由来
1本の茎に一輪の
花をつけることから

別名：裏紅一華（ウラベニイチゲ）・
一花草（イチゲソウ）

花のウラ側も
ステキ！
うっすら紫色を
帯びて
なんともきれい
なんです

はる

二輪草
(ニリンソウ)

キンポウゲ科
山麓の林に生える多年草

イチリンソウやニリンソウの仲間には花びらはありません　花びらにみえるのは萼です
(P13のアズマイチゲも同じです)

萼の役目
花びらやおしべ・めしべを守ること

|名前の由来|
2個の花をつけることによる
(3個のものもあります)

花：白色の萼が5個　まれに7個
花期：4～5月
高さ：15～25cm

↑ヨい斑がへっています

花も葉もイチリンソウより小さめです

はる

山吹草 (ヤマブキソウ)

ケシ科

ひときわ光輝く
黄金色の花たち
でも物静かな
風情はやはり
野の花のつつましさ

茎や葉を切ると黄色の乳液が出ます

山野の林に生える多年草

名前の由来
花が落葉低木の「山吹」に似ているところから

花：鮮黄色

花期：4〜6月

高さ：30〜40cm

はる

馬の脚形
(ウマノアシガタ)

キンポウゲ科

日当たりのよい
　山野に生える
　　多年草

名前の由来

根元の葉を
馬のひづめに
見立てた

別名:
金鳳花（キンポウゲ）

花の色に
由来している
八重咲きの
ものだけを
キンポウゲと
呼ぶことが
あります

花：黄
花期：4〜5月
高さ：30〜70cm

有毒で
茎から出る
シヅでかぶれる
ことがあります

田辛し (タガラシ)

キンポウゲ科
水田や溝に
生える2年草

名前の由来

プロトアネモニン
(有毒)を含み
かむと辛みが
あることから

他の説もあり
ます

花：黄色
花期：4〜5月
高さ：30〜50cm

はる

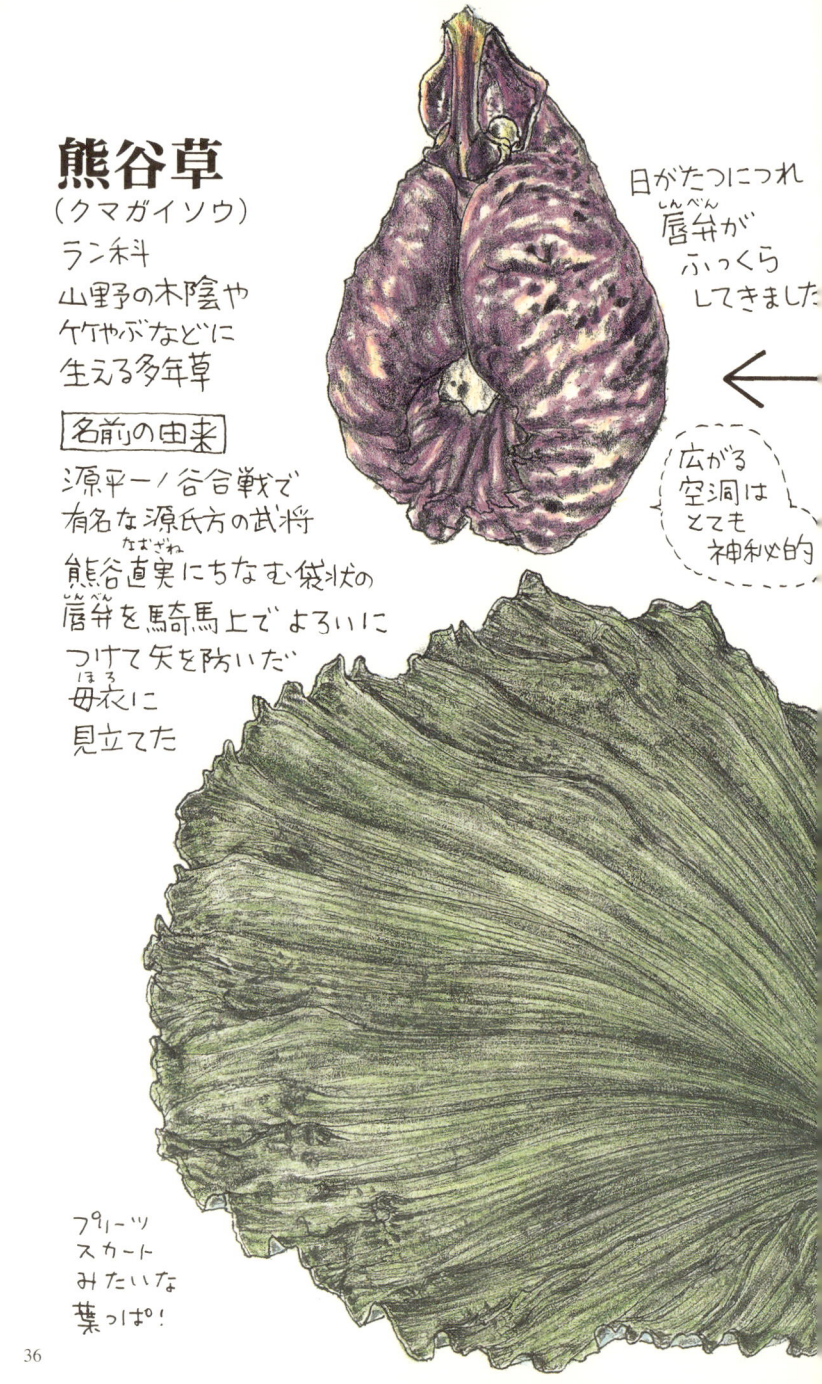

熊谷草
（クマガイソウ）

ラン科
山野の木陰や
ケヤブなどに
生える多年草

名前の由来

源平一ノ谷合戦で
有名な源氏方の武将
熊谷直実(なおざね)にちなむ袋状の
唇弁を騎馬上でよろいに
つけて矢を防いだ
母衣(ほろ)に
見立てた

日がたつにつれ
唇弁(しんべん)が
ふっくら
してきました

←

広がる
空洞は
とても
神秘的

プリーツ
スカート
みたいな
葉っぱ！

はる

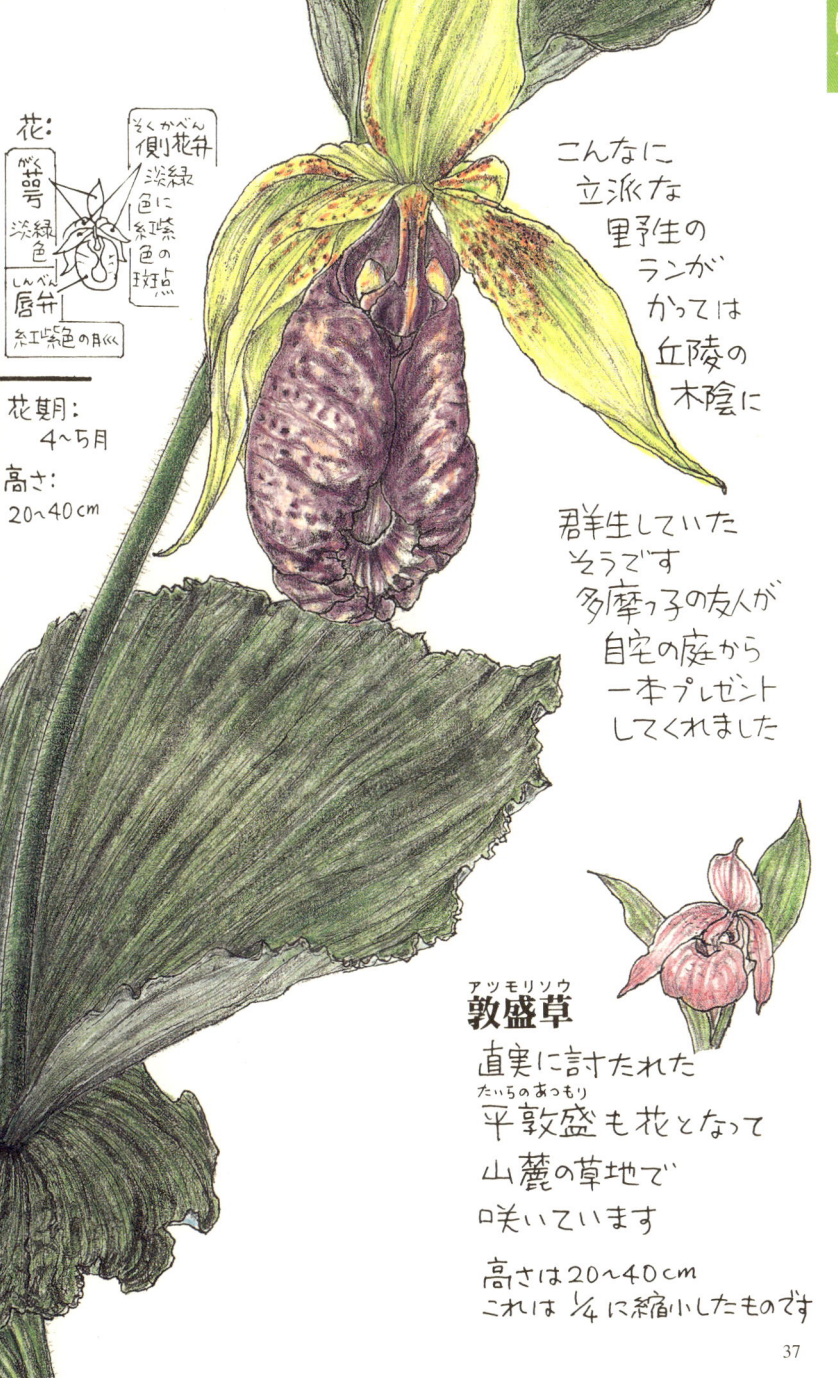

花：
 萼 淡緑色
 側花弁 淡緑色に紅紫色の斑点
 唇弁 紅紫色の脈

花期：
4〜5月

高さ：
20〜40cm

こんなに
 立派な
  野生の
   ランが
    かつては
     丘陵の
      木陰に

群生していた
 そうです
  多摩っ子の友人が
   自宅の庭から
    一本プレゼント
     してくれました

敦盛草（アツモリソウ）

直実に討たれた
平敦盛（たいらのあつもり）も花となって
山麓の草地で
咲いています

高さは20〜40cm
これは1/4に縮小したものです

はる

金蘭
(キンラン)

|名前の由来|
鮮やかな
黄色の花を
つけるところから

花：黄色
(半開)
花期：4〜6月
高さ：40〜80cm

キンラン・ギンランは共にラン科で林内に生える多年草です

今年も 神々しい光を放ちながら、人知れず咲いているのかしら？ と気にかけているキンランがあります

毎年 ゴールデンウィークの頃会いに行きます
なんだか 古い友だちのようです

そしてこれは ある年5月のその"キンランさん"なのです

はる

銀蘭（ギンラン）

名前の由来

こちらは白い花なので
"金"に対して"銀"

花：白色（半開）
花期：5月
高さ：20〜40cm

背丈の低い
ギンランは
日陰の草地
などで
意外と
ポツンと
咲いて
います

葉が
笹の
ようで
ギンランに
似た
白い花を
つける
笹葉銀蘭(ササハギンラン)も
咲いています

いつか
バッタリ
楚々とした姿の
ギンランたちに
出会えますように！

キンラン・ギンランの教え

ランは土の中の菌類の助けを借りて生活しているので、移植しても育ちません。

ランに限らず野の草花には自分の好む場所があるようです。
もし見つけてもどうかそっとそのままに…。

何事もあるがままを受け入れることの大切さを、教わったような気がしました。

はる

色エンピツぬり方のコツ

- 特にむずかしいことは
 ありませんが、
 　色を重ねすぎると濁るので
 重ねぬりは2〜3色までが
 よいでしょう。

 たとえば
 🍃 = 🟢 + 🟢
 🌸 = 🟣 + 🔴 + 🟡

- 色鉛筆には水性と油性が
 あります。好みにもよりますが
 私は紙になじみやすいので
 油性のものを使っています。
 いずれも画材店で
 バラ売りしています。

- 肩に力を入れずに
 色鉛筆をやさしく握って
 ゆっくりと楽しみながら
 ぬってみてください。

- 芯の先をこまめに削るのを
 お忘れなく！
 やり直したい時
 消しゴムで
 ある程度は
 消えます。

小葉の立浪
（コバノタツナミ）

シソ科
海岸に近い畑のふちや
土手・山の岩の上などに
生える多年草

[名前の由来] "立浪"は花が
片側を向いて咲く様子を
泡立って寄せる波に見立てた

同じ仲間で
「立浪草」が
あり
それより
小さい
ことから
"小葉"

別名：
ビロード立浪
葉に生えて
いる短毛
による

花：青紫色
淡紅紫色
まれに白色

花期：5〜6月

高さ：5〜
20cm

はる

一見地味な
花ですが
シックな色合い
が魅力！

海老根
（エビネ）

ラン科
林内に生える多年草

[名前の由来]
地下茎の曲がり具合を
海老に見立てた

日本の野生のラン
として有名で
仲間の種類は
200〜250あります

一時はブームに
なるほどの
人気でしたが
乱獲される
などして
今では少なく
なりました

花：淡紅白色〜
白色と褐色
花期：4〜5月
高さ：30〜50cm

はる

烏柄杓
（カラスビシャク）
サトイモ科

畑の雑草として生える多年草

|名前の由来|

仏炎苞（ぶつえんほう）を小さな柄杓つまり烏が使う柄杓にたとえた

別名：半夏（ハンゲ）
"半夏"は漢方での呼び名で球茎を吐き気止めなどの薬用にする

※サトイモ科の仲間には

花→ 仏炎苞があります
仏像のうしろにある光背に見立ててこう呼びます

蝮草（マムシグサ）・浦島草（ウラシマソウ）・水芭蕉（ミズバショウ）なども同じ仲間です

道を歩いているとゾゾッ
何かの気配！
下を見ると
見たこともない
風変わりな草
植物なのに
この姿…
後で調べて
カラスビシャクと
わかりました
今ではすっかり
仲良しです

この中に花がある

後姿はこんなふう！
あなたは何を連想しますか？

仏炎苞：緑色
花期：5〜8月
高さ：10〜20cm

はる

痩靫 (ヤセウツボ)

ハマウツボ科

ヨーロッパ・アフリカ原産の
寄生植物で
関東・近畿地方に
帰化している

名前の由来

花が矢を入れる"靫"に
似ていることから
"痩"はほっそりしているから

シロツメクサなどのマメ科の他
キク科・セリ科に寄生します

（吹き出し）
- これが花
- 私はムラサキツメクサに寄り添うように咲いているのをみました
- 全体に腺毛がある

花：淡黄褐色
花期：5～6月
高さ：15～40cm

寄生植物とは

他の生物に寄生して生きる植物のこと。葉緑素をもたず、根を宿主の根にくい込ませて養分を吸収します。

他にナンバンギセル（p 111）、ハマウツボなどがあります。

長実雛罌粟
(ナガミヒナゲシ)

ケシ科

地中海地域原産の1年草で野原や空き地・市街地でもみられる

[名前の由来]
果実が細長いことによる

アメリカやアジアに帰化しているが日本で確認されたのは1961年東京で

花：サーモンピンク
花期：4〜5月
高さ：20〜60cm

すごい繁殖力！

ナガミヒナゲシが、数年前から急にふえているように感じていました。
いったいなぜ？

多摩地域に住む人たちからも同様の声を聞いていた矢先、科学雑誌『ニュートン』に、同じ疑問を感じた栃木県宇都宮市の高校の先生の研究過程が掲載されているのを目にしました。

最終的な結論はまだのようですが2006年から生徒たちといろいろな調査・実験をくり返し行った結果、*

はる

日が暮れるとしぼんでまた翌日開きます

豚菜 (ブタナ) キク科

ヨーロッパ原産の多年草
1933年 札幌で確認された

名前の由来

フランスの俗名
Salada de pore
"豚のサラダ"の訳

豚は牛や馬とちがって鼻で草を掘り起こして食べられるので 牧草の残り物のブタナを頂戴しているようです

花：黄色
花期：5〜9月
高さ：50cm以上

自動車のタイヤによって種が運ばれているのではないか？
ナガミヒナゲシが種をつけるのはちょうど梅雨の頃。
雨にぬれたタイヤが、道路に落ちた種を運んでいると考えられる。
ナガミヒナゲシの生活サイクルが日本の気候と合っているため、分布が拡大しているのではないか」と、一応の見解が述べられていました。

発芽の条件はまだナゾ"とのことで、この研究は今後もつづけられるそうです。

はる

鬼田平子
(オニタビラコ)

キク科
道ばたや空き地に生える1〜2年草

花：黄色
花期：5〜10月
高さ：20cm〜1m

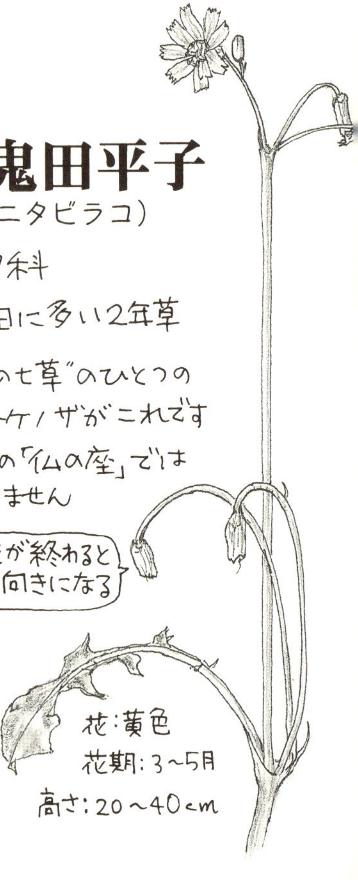

小鬼田平子
(コオニタビラコ)

キク科
水田に多い2年草

"春の七草"のひとつのホトケノザがこれです
P10の「仏の座」ではありません

花：黄色
花期：3〜5月
高さ：20〜40cm

> 花が終わると下向きになる

> 名前の由来
> 「田平子」は水田に茎の根もとの葉を平たく広げるところから
> "鬼"は大型
> 小鬼は小型の意味

はる

雛桔梗
（ヒナギキョウ）
キキョウ科

桔梗草
（キキョウソウ）
キキョウ科

日当たりのよい
乾いたところに
生える1年草

北アメリカ原産で
1940年東京で
確認された

[名前の由来]

花が"桔梗"に
似ているところから

別名：段々桔梗（ダンダンギキョウ）

花が段々になって
いて下から上へ
咲いていく様子から

花：紫色
花期：5～7月
高さ：30～80cm

日当たりの
よい草地や
道ばたに
多い多年草

[名前の由来]

小さな
かわいらしい
桔梗に似た
花である
ことから

今にも倒れそうなか弱さ

花：青紫色
花期：5～8月
高さ：20～40cm

狐薊
(キツネアザミ)

キク科
道ばたや空き地に
生える2年草

名前の由来

薊の仲間では
ないのに
よく似ていることから
"狐に化かされた"と
いう意味

この花は
キク科の
アザミ属
ではなく
キツネ
アザミ属で
一属一種
です

うまく
だませた
自信は
あるぞ！

いいえ！
頭隠して
なんとやら…
葉っぱにトゲが
ないから
すぐわかる

アザミの仲間は

北半球に250種、
日本には60種ほどで
そのほとんどは
秋咲きです。
春に咲くのは
ノアザミの他に
ヒレアザミがあり
茎のヒレが特徴です

秋のアザミは
どこか寂しげ。
でも、春咲くアザミ
からは元気をもらえ
ます。

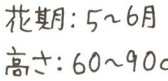

花：紅紫色
花期：5～6月
高さ：60～90cm

はる

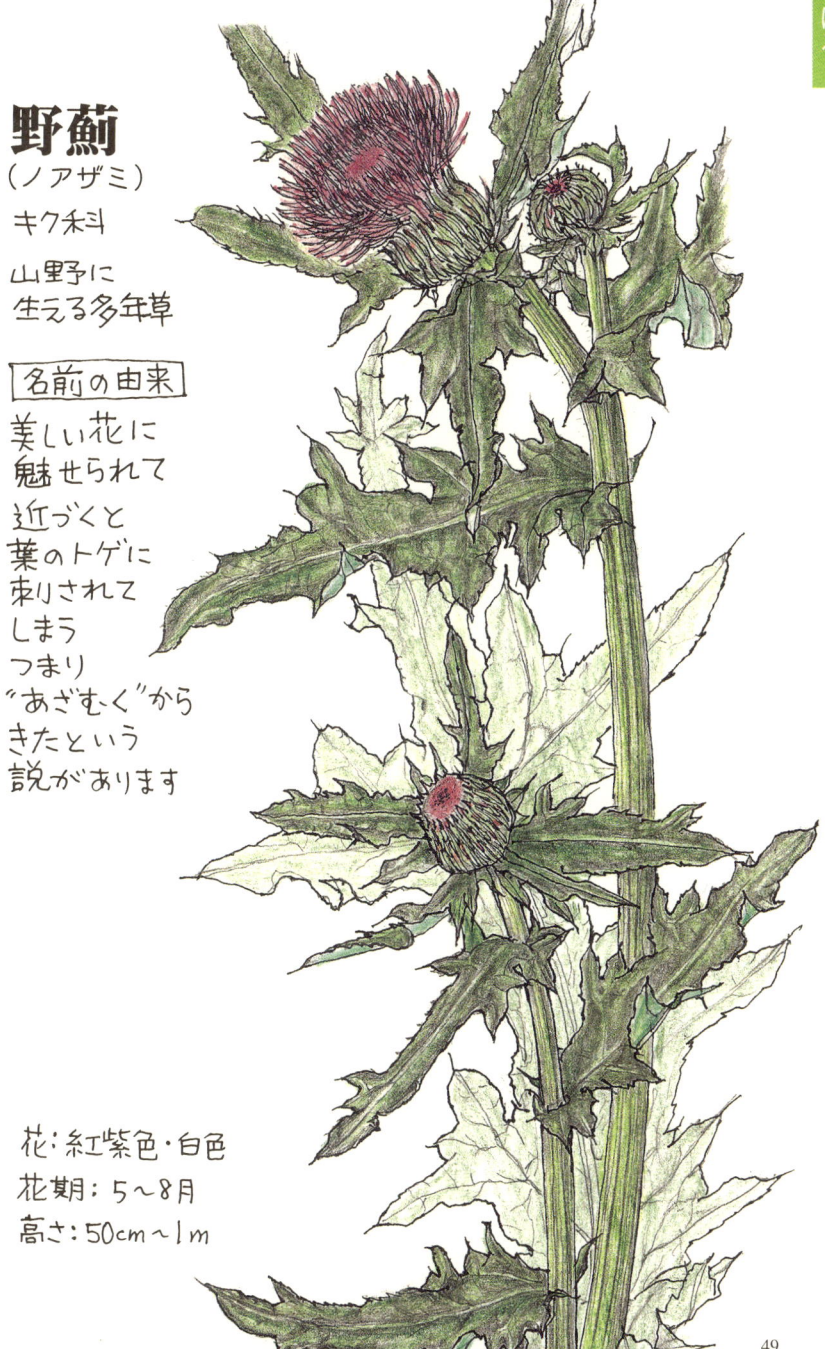

野薊
(ノアザミ)

キク科

山野に
生える多年草

[名前の由来]

美しい花に
魅せられて
近づくと
葉のトゲに
刺されて
しまう
つまり
"あざむく"から
きたという
説があります

花：紅紫色・白色
花期：5〜8月
高さ：50cm〜1m

はる

姫小判草
（ヒメコバンソウ）
イネ科

ヨーロッパ
原産の1年草
江戸時代に
渡来した

> 三角形の小さな穂
> 4~8個の花が
> 集まっています

> 名前の由来
>
> 小さい穂が
> 「小判草」に
> 似ているが
> それより愛らしい
> ので "姫"

小判草 (コバンソウ)
こちらもヨーロッパ原産
黄褐色に熟した
小さな穂を
小判に見立てた

花：淡緑色の小穂
花期：5〜7月
高さ：10〜60cm

はる

キツネノボタンと見分けるポイント①
実の先が
ケキツネ まっすぐ
キツネ クルリン 丸まっている

ポイント②
全体の毛の生え具合が違う

ポイント③
葉の先が
キツネ 丸い
ケキツネ とがっている

毛狐の牡丹
（ケキツネノボタン）

キンポウゲ科
湿地に生える多年草

名前の由来

葉の形が「牡丹」に似ていて 同じ仲間の「狐の牡丹」より毛が多いことによる

ボクの洋服のボタンじゃないよ

花：黄色
花期：3〜7月
高さ：30〜60cm

はる

雪の下
（ユキノシタ）

ユキノシタ科

湿った
日陰や岩場に生える多年草

[名前の由来]
花びらの下部分2枚が白くて
舌を出したようなので「雪の舌」
それが「雪の下」になった
他の説もあります

（えっ 二枚舌？）

花：白色
花期：5～6月
高さ：20～50cm

（毛がいっぱい）

小さな花は
まるで
計算し尽された
ような完璧な
デザイン！
まさに
造形の妙
ですね

薬草として有名

生の葉の汁：中耳炎・
火傷・かぶれ・子供のひ
きつけ・扁桃腺炎。
乾燥させた葉：煎じて
飲むとむくみがとれる。

はる

春のごちそう

- **ユキノシタ**
  葉っぱを天ぷらに

- **カンゾウ**
  ノカンゾウやヤブカンゾウの（P72,73）
  若い葉を
  天ぷらや酢みそあえに
  食べ頃は10cm
  ぐらいまで

- **ノビル**
  きざんで納豆や
  みそ汁に

- **クズ**（P78）
  若い芽を
  天ぷらに
  （見かけはともかくとてもおいしい！）

- **カラスノエンドウ**（P14）
  若い葉っぱを
  天ぷらやバター炒めに

- **フキ**
  まだ小さい葉を
  天ぷらに

（ほんの少しだけ
野山から
いただく
旬の味！）

庭石菖
（ニワゼキショウ）

アヤメ科
北アメリカ
原産で
明治中期に
渡来した
日当たりのよい
芝生や道ばた
に生える多年草

（小さなボールのような実）

【名前の由来】

細い葉が
サトイモ科の
「石菖」に
似ている
ところから

花の色いろいろ

花びら
いちまいも
こんなに
きれい！

（美しい花は
いちにちばな
一日花）

花：淡紫色・白色など

花期：5〜6月

高さ：10〜20cm

はる

昼咲月見草
（ヒルザキツキミソウ）

共にアカバナ科

北アメリカ原産の多年草で
大正時代に渡来した

名前の由来
花が「月見草」に似ていて
夜だけでなく昼間も
咲くところから

赤花夕化粧
（アカバナユウゲショウ）

南アメリカ原産の多年草で
明治時代に渡来した

名前の由来
淡紅色の花を夕方開く
　　　　　　ことから

花：淡紅色
紅色の脈が目立つ
花期：5〜9月
高さ：20〜60cm

よくよく見ると
意外と派手な
花でした

花：白色〜淡紅色
花期：5〜7月
高さ：30〜60cm

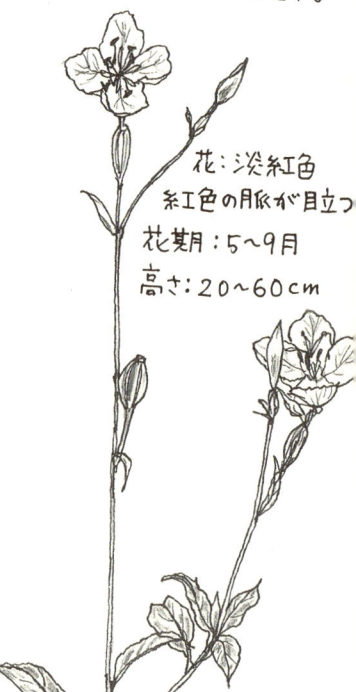

はる

虫捕り撫子 (ムシトリナデシコ) ナデシコ科

ヨーロッパ原産の1～2年草で江戸時代に渡来

名前の由来

「撫子」に似ていて 粘液を出して虫を捕るところから

虫がつくのは このあたり

花：紅色・淡紅色 まれに白色
花期：5～6月
高さ：30～60cm

別名は小町草（コマチソウ）

"下から登ってくる蟻などに蜜や花粉をとられたら大変。直接、花を訪れる蝶や蜂のためのものだから"と、必死で考えた粘液作戦。
ネバネバに足をとられて、身動きができなくなった哀れな蟻たち。なんてむごいことを！
小野小町にちなんでつけられたこの名前。
故あるかな？

野博多唐草

(ノハカタカラクサ)

ツユクサ科

南アメリカ原産の多年草

名前の由来 博多織の柄にありそこから命名された

★図鑑には"花期は夏"と載っていますが5月に入るともう咲き出すので春の頃に入れました

花：白色

赤紫色の茎

はる

紫詰草 (ムラサキツメクサ)

ヨーロッパ原産で牧草として明治初期に渡来し全国に野生化している

名前の由来
花が「白詰草」に似ていて紫色であることから
別名：赤詰草(アカツメクサ)

花：紅紫色
花期：5〜8月　高さ：20〜60cm

身近にいる人　大切さ
当り前のように思っていたことへのありがたさ…

詰草たちの美しさに気づくことに似ています

白詰草 (シロツメクサ)

ヨーロッパ原産の多年草
牧草として世界中に広がった

名前の由来　江戸時代にオランダからガラス器を輸入した時に割れないようにと乾燥したこの花を詰めたことによる

別名：クローバー

茎は節ごとに根を出して地をはっているので踏まれても強い

四つ葉が見つからなくても三つ葉で幸せ♪

ブ〜ン

花：白色
花期：5〜8月

はる

薬玉詰草
(クスダマツメクサ)

ヨーロッパ原産の1年草

[名前の由来]
花の集まりが薬玉のようにみえるところから

別名：ホップ詰草

受粉後下向きになる様子がホップの雌花(めばな)に似ているから

花：黄色
花期：5～6月
高さ：20～40cm

詰草の仲間はどれもマメ科です
花は小さな蝶形花(ちょうけいか)がたくさん集まって球状大になっています

米粒詰草
(コメツブツメクサ)

ヨーロッパ～西アジア原産の1年草

[名前の由来]
花や葉が小さいことを米粒に見立てた

花：黄色
花期：5～7月
高さ：20～40cm

小さな黄色の金平糖のような花

ミツバチの受粉が終わると垂れてきます

なつ

姫女苑
（ヒメジョオン）

キク科
北アメリカ
原産の
1〜2年草

[名前の由来]

"春に咲く紫苑(シオン)"
が「春紫苑」で
それより小さい
ので「姫女苑」

明治維新の頃に
園芸植物として渡来し
珍重されましたが
繁殖力が強く
今では雑草の
代表選手と
なってしまいました

でも花を虫メガネで
のぞいてみてください
糸のような花びらの
美しさにきっと
驚かれることでしょう

特に
ハルジオンの
繊細なこと！

双子姉妹のような

春紫苑(ハルジオン)との見分けかた

ハルジオン

① 花期は4〜7月で
先に咲き出す

② つぼみの時→
クタッとうなだれて
いる

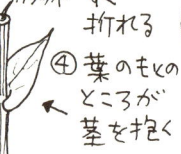

③ 茎が中空なので
カラッポ すぐ
折れる

④ 葉のもとの
ところが
茎を抱く

ヒメジョオン

① 花期は5〜10月
遅く咲き出して
長い間咲き
続ける

② つぼみの時から
しっかり立っている

③ 茎の中には
白い髄が詰まって
いるので、向こっても
折れない

④ 葉を抱かない

なつ

捩花 (ネジバナ)

ラン科

日当たりのよい草地や芝生などに生える多年草

[名前の由来]

花のつき方がねじれていることから

別名：捩摺(モジズリ)

ねじれ模様に染めた絹織物のことで、これに花の様子が似ていることから

花はねじれていてもきっと素直でかわいい性格 みんなに愛されているのが何よりの証拠

花：淡紅色 まれに白色も
花期：5〜8月
高さ：10〜40cm

露草 (ツユクサ)

ツユクサ科

道ばたや草地に生える1年草

[名前の由来]

夜明け前朝露を受けて咲くところから

別名：帽子花(ボウシバナ)

花の形による

苞(ほう)

つぼみは苞に包まれていて花期の間中ひとつずつ現れては溶けるように半日で花の命を終える

花：青色の花びら2枚 白色で小さい花びら1枚
花期：6〜9月
高さ：30〜50cm

大葉子
（オオバコ）

オオバコ科

日当たりのよい道ばたや荒れ地に生える多年草

花：白色
花期：4〜9月
高さ：10〜20cm

[名前の由来]
葉が広くて大きいところから
漢名は「車前草（シャゼンソウ）」で昔 中国の貴人が車の前の草の名を従者に尋ねたところその名を知らない従者はとっさに「車の前の草は車前草」と頓知で答えたのが由来

箆大葉子（ヘラオオバコ）　蕾大葉子（ツボミオオバコ）

葉は竹べらに似た形

花は開きません

[薬効]
- 乾燥させた種（車前子（しゃぜんし））
  …産後の腹痛・咳
- 全草を煎じたもの
  …利尿剤として
- 葉をあぶったもの
  …腫れものに塗る

なつ

オオバコのドラマ

"オオバコは雑草の中の雑草"とは、ある学者の言葉です。なにしろ、踏まれることで種子を散布する構造になっているのですから。

その証拠として、どんな深い森でもどんな高い山でも、人の道がある限りオオバコの生えていないところはないといわれています。

世界中に仲間は250種、属名「プラタンゴ」はラテン語で"足の裏"と"運ぶ"を組み合わせたものだとか…。

すべてが"踏まれてオッケー"の状態。花・葉・茎のつくり、芽生える場所でさえ、あえて踏まれやすい道ばたを選ぶという周到さです。

このようにして子孫を増やし、勢力を拡大してきたオオバコの賢さ、分をわきまえた地道な生き方には、感心するばかりか感動さえ覚えます。

もうひとつおまけに、成分が優秀で薬効絶大！

本当に頭が下がります。

爆蘭
（ハゼラン）
スベリヒユ科

西インド諸島原産の1年草で野生化している

なつ

名前の由来
はぜるように咲く花がランのように美しいから
花：紅紫色

花期：6〜8月

高さ：20〜80cm

なつ

藪虱 (ヤブジラミ)
セリ科

野原や
道ばたに
生える2年草

名前の由来

藪地に生え
トゲのある
果実が衣類
などにくっつくのを
虱にたとえた

名前には目をつぶって
レースフラワーとでも
呼びたいような
美しい花を どうぞ
みてあげてください

ひっつき虫の果実

トゲの先が
カギ状になってい

人の衣服や
動物にくっつい
種が運ばれる
草の実を親しみ
をもって「ひっつき」
と呼んでいます

花：白色
花期：5～7月
高さ：30～70cm

岡虎の尾
（オカトラノオ）

サクラソウ科

丘陵の日当たりの
よい草地などに
生える

多年草

なつ

☆星のような花☆

開発が進むにつれ
オカトラノオの
群生地が減って
ガッカリしていたら
数年前 傾斜地で
群落を
見つけることができました

そこは どうして今まで
気づかなかったのか
不思議なほど
家のすぐ近くでした

名前の由来

花が穂状に
垂れ下がって
いる様子を
虎の尾に見立て
丘陵地に
咲くところ
から "岡"

花：白色
花期：6〜7月
高さ：60cm〜1m

なつ

梅雨の時期に咲くから笠かぶってるの？上品な香り漂わせて…

梅笠草 (ウメガサソウ)

イチヤクソウ科
やや乾燥した丘陵や山地の林内に生える常緑多年草

名前の由来

花の形が梅に似ていて笠のように下向きに咲くところから

花：白色
花期：6〜7月
高さ：10〜15cm

高さ：40〜80cm

花：淡紅紫色・白色
花期：6〜7月

蛍袋 (ホタルブクロ)

キキョウ科

山野や丘陵に生える多年草

名前の由来

子供が花の中に蛍を入れて遊んだことから
（他の説もあります）

蕺草（ドクダミ）

ドクダミ科
半日陰地に生える多年草

- これが花です
- 花びらはありません
- 総苞片
- 花が今顔出した！
- そうほうへん
- 花：総苞片が白色
- 花期：6～7月
- 高さ：15～30cm
- ハート形の葉っぱ♡

名前の由来

"毒や痛みに効く"ということから"毒痛み"が転じたものとされる

別名：十薬（ジュウヤク）

民間薬としてよく利用され10種もの薬効があるとされたことによる

★匂いのため毛嫌いされるドクダミ！臭気の元は「デカノイル アセトアルデヒド」という成分で、これが数々の薬効の源に

なつ

なつ

待宵草
（マツヨイグサ）

アカバナ科

チリ原産の
2年草

名前の由来

日暮れを待って
花を開くところから

花：黄色
花期：5～8月
高さ：30cm～1m

花はしぼむと
赤くなるのが
特徴

夜、花開くそのワケは？

マツヨイグサの仲間が生き残りをかけて選んだ道、それは"夜咲く花"となることでした。

ライバルが多い日中を避ければ、花粉を運んでくれる虫を確保できる。花色は闇の中でも目立つ黄色、そのうえ強い芳香を放てば完璧です。

クラクラーッと呼び寄せられたのはスズメガでした。マツヨイグサの選択は正しかったのです。

でも、どうか計算高いなどと嫌わずに！たくましく生き抜く姿に拍手を！

なつ

雌待宵草
（メマツヨイグサ）
アカバナ科

北アメリカ原産で道ばたや荒れ地・河原などに生える多年草

名前の由来
小さい待宵草という意味で"雌"

マツヨイグサ・メマツヨイグサ
共に夜開性の一日花（いちにちばな）です

花：黄色
花期：6〜9月
高さ：50cm〜1.5m

本当の「月見草（ツキミソウ）」は、白い花です

ツキミソウは北米原産で江戸時代に渡来。なぜか日本の風土になじめず、野生化することはなかったので、今ではほとんど見られなくなりました。
"月見草"として（勘違いされて）歌に詠まれたり、小説などに登場したのは、オオマツヨイグサやマツヨイグサのことだったようです。

なつ

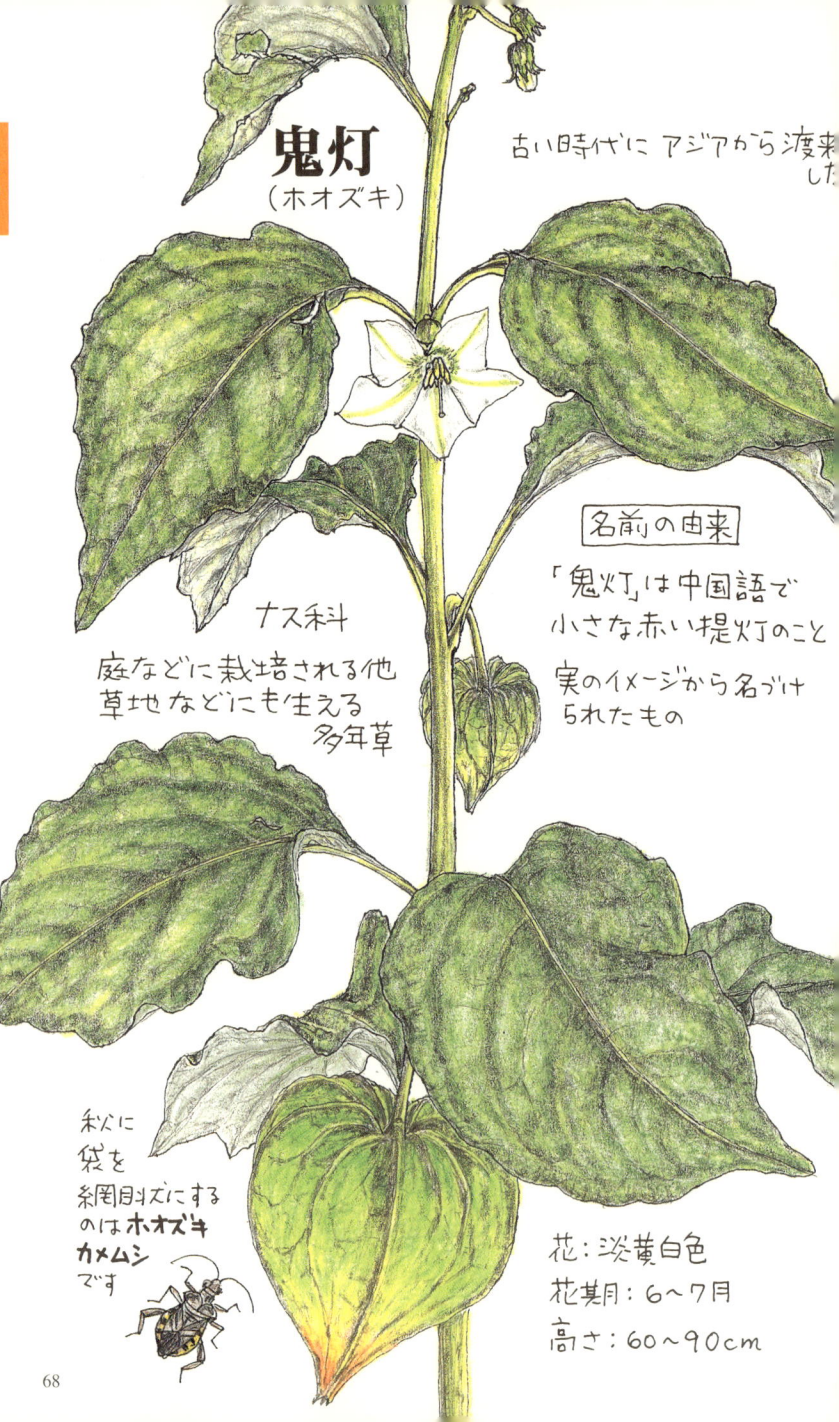

鬼灯
（ホオズキ）

古い時代にアジアから渡来した

ナス科

庭などに栽培される他
草地などにも生える
多年草

名前の由来

「鬼灯」は中国語で
小さな赤い提灯のこと

実のイメージから名づけられたもの

秋に
袋を
網目状にする
のは **ホオズキカメムシ**
です

花：淡黄白色
花期：6〜7月
高さ：60〜90cm

昼顔 (ヒルガオ) ヒルガオ科

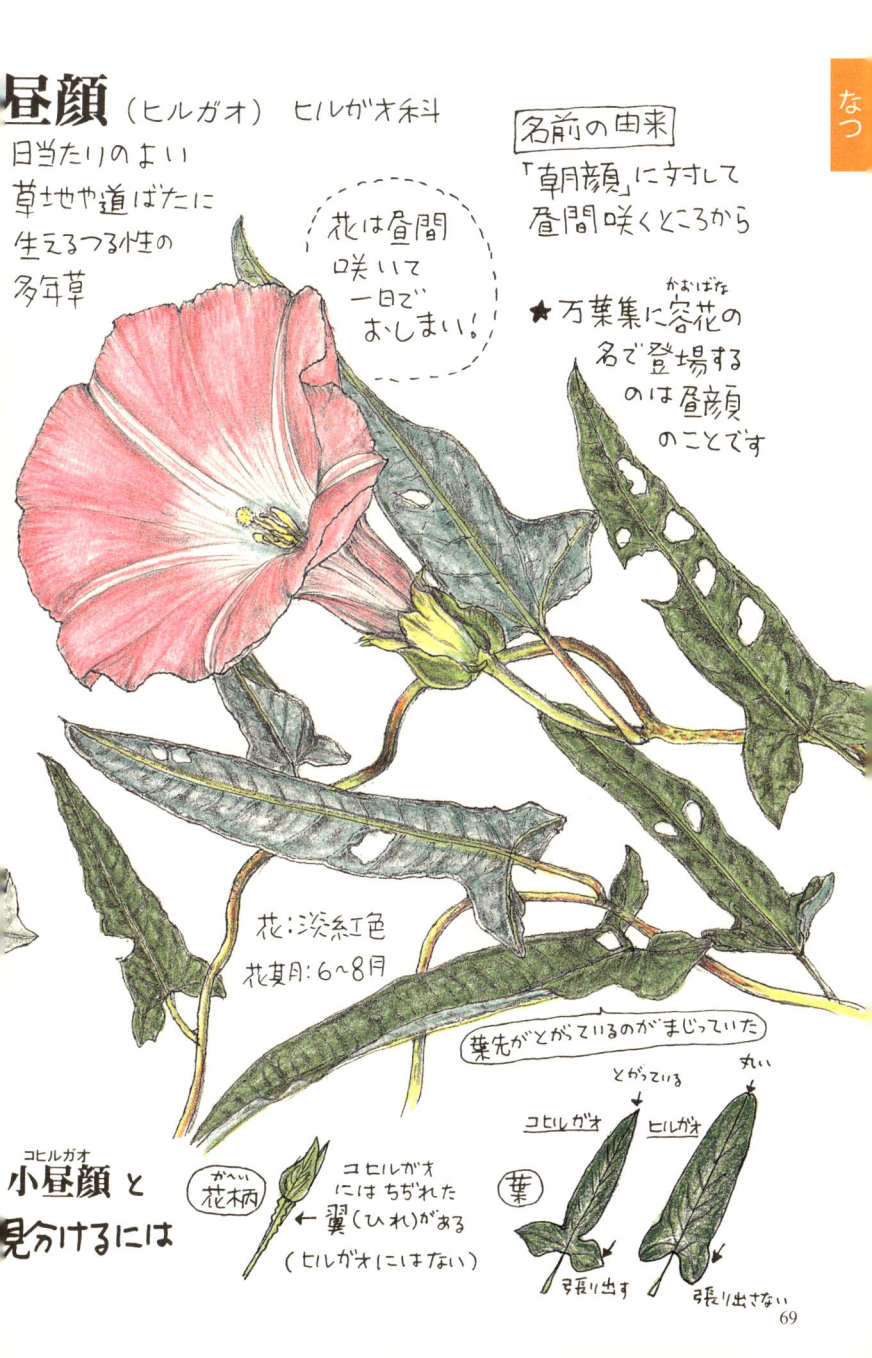

日当たりのよい
草地や道ばたに
生えるつる性の
多年草

花は昼間
咲いて
一日で
おしまい！

名前の由来
「朝顔」に対して
昼間咲くところから

★万葉集に容花(かおばな)の
名で登場する
のは昼顔
のことです

なつ

花：淡紅色
花期：6〜8月

葉先がとがているのがまじっていた

とがっている　丸い
コヒルガオ　ヒルガオ

葉

張り出す　張り出さない

コヒルガオ
小昼顔 と
見分けるには

花柄(かへい)

コヒルガオ
にはちぢれた
← 翼(ひれ)がある
（ヒルガオにはない）

なつ

姫檜扇水仙
(ヒメヒオウギズイセン)

アヤメ科
南アフリカ原産の多年草
ヨーロッパで園芸植物
として改良され
各国に帰化
日本には明治中期に
「モントブレチア」の名で渡来

暖かい地方では大群落が
見られるそうですが
私たちの周りでも
野生化した
この花を
よく目に
します

名前の由来

「檜扇水仙」より小さめだから"姫"
ヒオウギは"非扇"で、綴じ糸が
切れてバラバラになった
扇の役に立たない状態に
葉の姿が似ているから

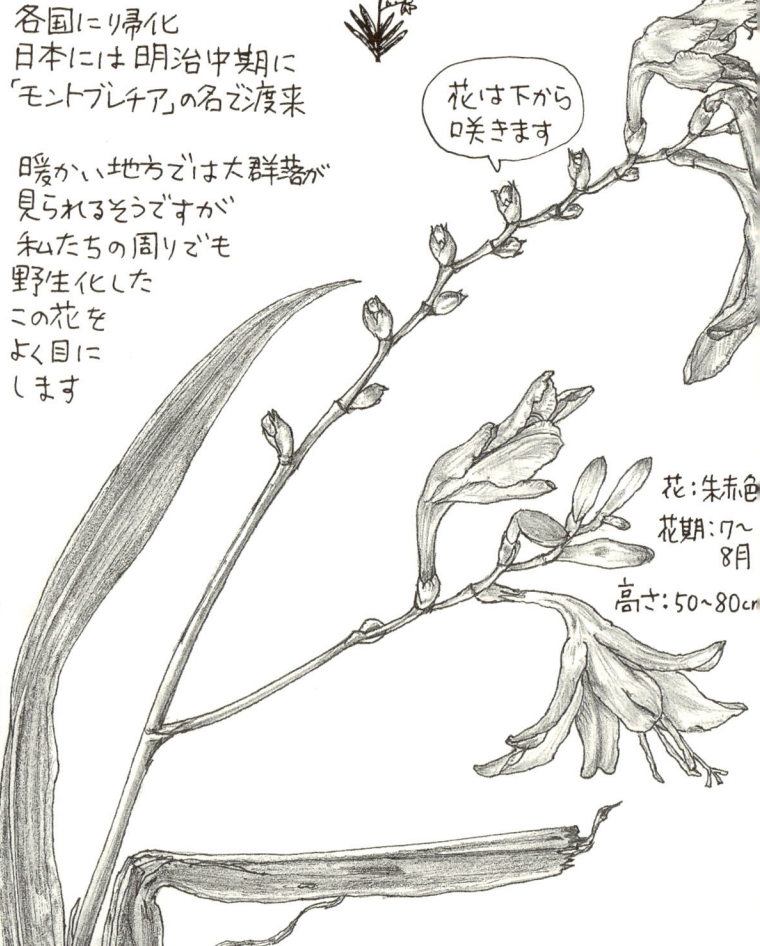

花は下から咲きます

花:朱赤色
花期:7〜8月

高さ:50〜80cm

犬胡麻 (イヌゴマ) シソ科

湿地に生える多年草

なつ

花：淡紅色
花期：7〜8月
高さ：40〜70cm

名前の由来
果実が胡麻に似ているが 食べられないので "犬" がついた

別名：チョロギダマシ
姿が根を食用にする「チョロギ」に似ているが 役に立たないので "ダマシ"

どうして "犬" なの？

植物名で "犬" や "烏" がつくのは、有用な植物に似ていても役に立たない、という意味。人間ではなく犬用・烏用ということだそうです。

葉っぱには下向きのトゲがあってさわるとザラザラします

なつ

藪萱草
(ヤブカンゾウ)

ユリ科
道ばたや土手
に生える多年草

花：橙赤色で八重咲き
花期：7〜8月
高さ：
80cm〜1m

★ 同じ仲間に
奥多摩と
府中市浅間山
にだけ自生する
といわれる
武蔵野黄菅
(ムサシノキスゲ)
があります
淡橙黄色の
大変美しい花です

夕方
気が
つけば
こんな
姿に…

野萱草
（ノカンゾウ）

ユリ科
別名：紅萱草（ベニカンゾウ）

共に一日花（いちにちばな）で夕方しぼむ

田のあぜや溝のふちなどやや湿ったところに生える多年草

花：橙赤色〜赤褐色まで変化が多く一重咲き

花期：7〜8月

高さ：70〜90cm

なつ

名前の由来

"萱"には"忘れる"という意味がある
この草をみていると心の憂いを忘れられる
とのことから
"藪"と"野"はそれぞれ生えるところによる

なつ

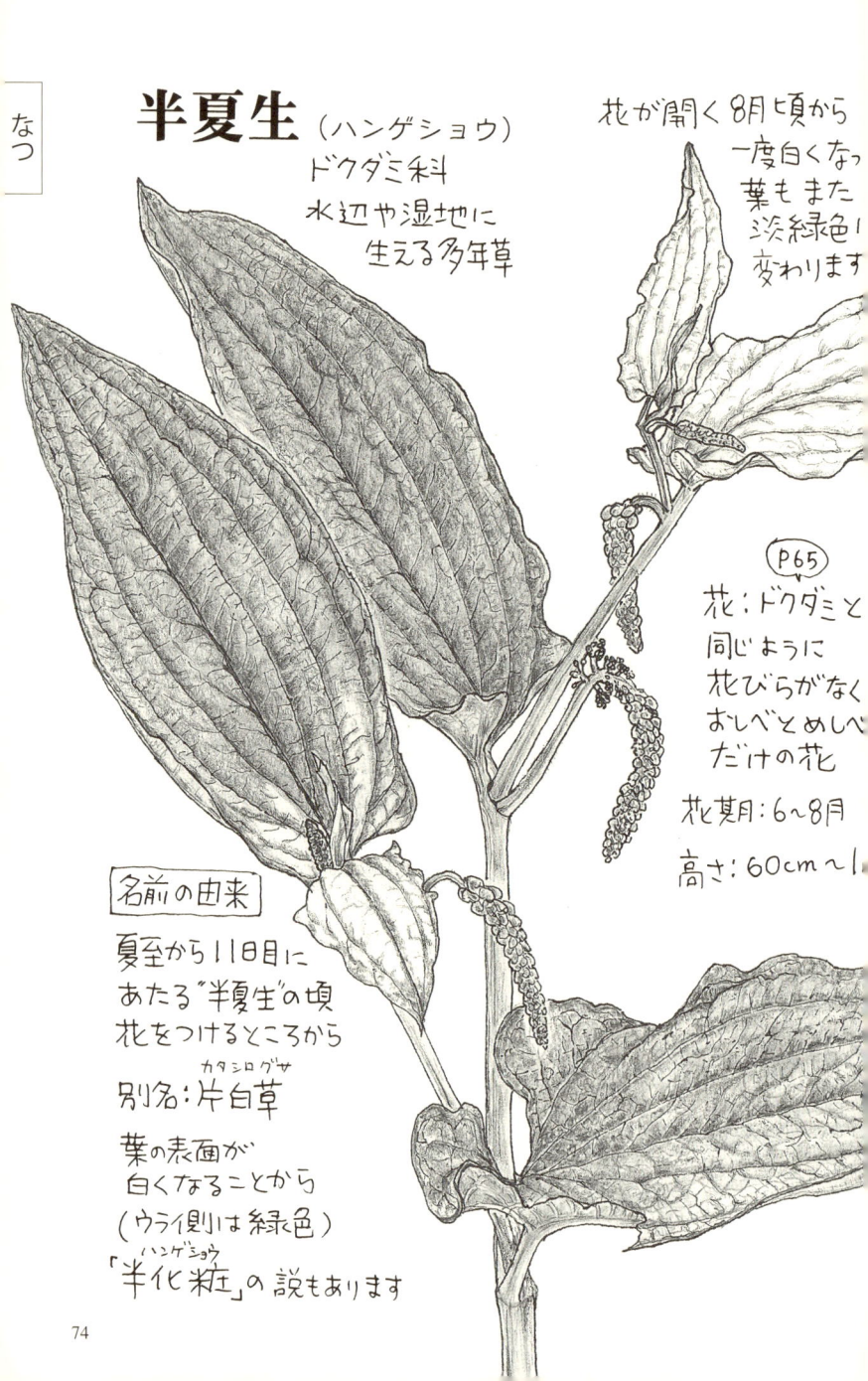

半夏生 （ハンゲショウ）
ドクダミ科
水辺や湿地に生える多年草

花が開く8月頃から一度白くなった葉もまた淡緑色に変わります

P65
花：ドクダミと同じように花びらがなくおしべとめしべだけの花

花期：6〜8月

高さ：60cm〜1

|名前の由来|

夏至から11日目にあたる"半夏生"の頃花をつけるところから

別名：片白草（カタシログサ）

葉の表面が白くなることから
（ウラ側は緑色）

「半化粧（ハンゲショウ）」の説もあります

なつ

これは
雄株(おかぶ)で
花序(かじょ)を
上向きに
出す

雌株(めかぶ)は
下向きに
なる

鬼野老 (オニドコロ)

ヤマノイモ科・雌雄異株(しゆういしゅ)
山野に生える
つる性の多年草

秋には
軍配(ぐんばい)のような
形の
実が金色に
光って あちこちに
からみついて
います

ドライフラワー
にしても
ステキです

花:淡緑色
花期:7〜8月

名前の由来

"野老"は
"海老"に対する名で
根茎にひげ根が
多いのを
老人に
たとえた
もので それが
鬼のように強く
はびこるところから

別名:野老(トコロ)

秋の田村草
(アキノタムラソウ)
シソ科

山野の道ばたに
生える多年草

名前の由来

"秋に咲く田村草"ということ
ただ"田村"が何かは不明
"山里"の意味との説もあります

"秋のタムラソウ"だからといってボンヤリしていたら時すでに遅し…

夏に入ると早ばやと咲き出す花だと知りました

花：青紫色
花期：7〜11月
高さ：20〜50cm

「春の田村草」は
紀伊半島以西と
四国・九州の山地

「夏の田村草」は
神奈川県・東海
地方・近畿地方
にそれぞれ分布
しています

なつ

ナデシコは日本原産の花で
万葉の時代から人々に
愛され 歌に詠まれて
きました

繊細な
花の造り
可憐で奥ゆかしい
色合いと姿！
かつての"大和撫子"は
女子サッカーの「ナデシコ
ジャパン」で
蘇る！

河原撫子
（カワラナデシコ）

ナデシコ科

日当たりのよい草地や
河原に生える多年草

名前の由来

河原に生える
"愛しい子"を
表す
別名：撫子

色：淡紅紫色
花期：7〜10月
高さ：30〜80cm

なつ

クイズ遊び

クズの葉は複葉なので
この3枚で
ひとつの葉っぱです
ⓐ〜ⓒの葉を
はずして
当てっこしましょう

特にⓑⓒの葉の
形は↓の部分の
面積が小さいので 答えは簡単
なのですが
最初は
↓
そんな
知識は
ないので❓

ⓐ

花：紅紫色
花期：7〜9月

"秋の七草"
ひとつで

ⓒ

ⓑ

クズは邪魔者？

バイタリティあふれるクズはグングンつるを伸ばし、またたく間に地面を覆い尽くします。その生長力を買われて土砂流出防備にとアメリカへ渡りましたが、あまりの繁殖力に、現在ではかえって頭を抱えている状態だとか。
ちなみに、アメリカでの名も「kudzu」。ただし発音は「カズ」。

なつ

葛 (クズ) マメ科

山野でみられるつる性の多年草

【名前の由来】

根からとったデンプン（葛粉）の産地である大和（奈良県）の国柄人が売りに来たことによるといわれる

夏も盛りを過ぎた頃
どこからともなく
漂ってくる
クズの甘い香り

暑い夏も
もう少しの辛抱と
毎年　この花に
励まされながら
秋を待ちます

花が終わると
ポロポロ落ちて
紅紫色の
匂いつき
じゅうたんに

クズは屑じゃない！

風邪薬の「葛根湯」の原料、葛切や葛餅など和菓子の原料となる「葛粉」として、また、繊維が強いつるから「屑布」を織るのに使われたりと、昔から日本人の暮らしに役立ってきました。

なつ

山百合 (ヤマユリ) ユリ科

山野に自生するほか 観賞用に
栽培される多年草

日本の特産で 100年以上も前から
欧米に紹介されている

名前の由来
- 花が大きくて 風に "揺れる"
  ところから "ユリ"
- 地下にある 鱗茎が 百枚もの
  鱗片が重なり合って
  できているから などの説があります

この鱗茎が
ユリ根で
食用にされます

花：白色
　　黄色のすじと
　　赤褐色の斑点、
花期：7〜8月
高さ：1〜1.5m

間近でみると圧倒されそうな
存在感ですが 草むらで咲く
風情には格別のものがあります

むせかえるような
強い芳香！

なつ

**ユリの仲間は
北半球に約1000種**

日本には15種が自生しています。
1984年オランダで作出され、世界の園芸界をあっといわせたのは、純白の大輪「カサブランカ」。
そのルーツはヤマユリの他2種類の日本のユリで、日本はユリの王国として世界中の喝采を受けました。

なつ

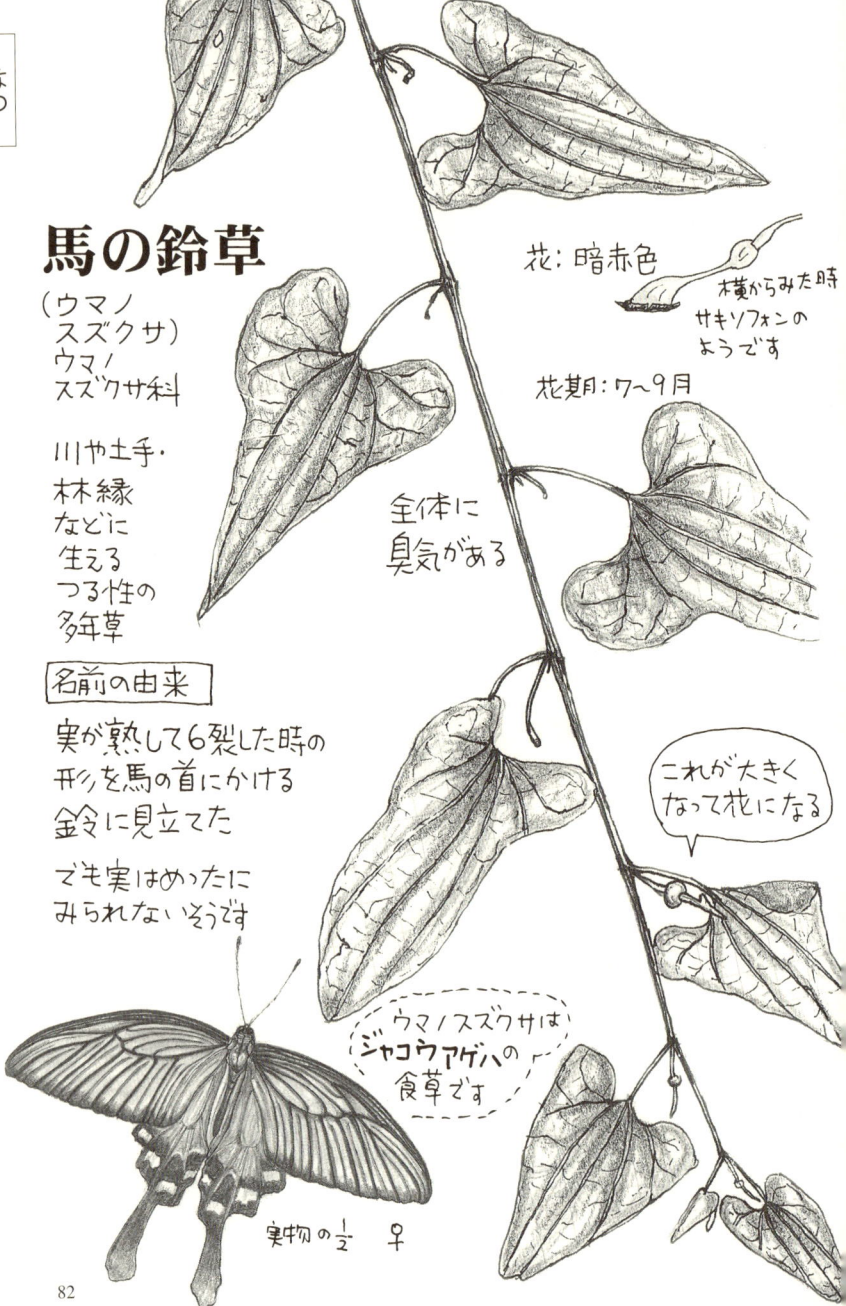

馬の鈴草

(ウマノスズクサ)
ウマノスズクサ科

川や土手・林縁などに生えるつる性の多年草

花：暗赤色

横からみた時サキソフォンのようです

花期：7〜9月

全体に臭気がある

|名前の由来|

実が熟して6裂した時の形を馬の首にかける鈴に見立てた

でも実はめったにみられないそうです

これが大きくなって花になる

ウマノスズクサは**ジャコウアゲハ**の食草です

実物の1/2　♀

82

鬼百合

(オニユリ) ユリ科

古くから栽培され
よく里近くに野生化
している多年草

なつ

花:橙赤色に
　濃い色の斑点

花期:7〜8月

高さ:1〜2m

古い時代に中国から渡来
鱗茎を食用にするためだった
　　　　　　　　　そうです

名前の由来
花にある斑点を
赤鬼の顔に見立てた

実はできず
珠芽(むかご)→
を地面に
落として
ふえる

なつ

竹似草
(タケニグサ)

ケシ科

日当たりのよい
荒れ地や
道ばたに
生える多年草

|名前の由来|

茎が中空で竹に
似ているところから

別名①：占城菊(チャンパギク)
インドシナの占城から
渡来したと
考えられたことから

別名②：ささやき草(グサ)
果実の中の種子が
風に吹かれると
シャラシャラ
鳴ることから

茎や葉を
切ると出る
黄色の乳液
は有毒です

花：白色
花期：7〜8月
高さ：1〜2m

小さなつぼみがふくらん
→　→

なつ

タケニグサは
どこにでも
咲くというよりは
伸びているので
気に止める人も
少ないと思います

でも私は
この花が一目で
好きになりました

花も実も
葉の切れこみ具合
そしてこの色も
どうしても
特別ステキな
草に思えて
しまうの
です＊

＊
そんなある日
タケニグサは
欧米では
ガーデニングに
大変人気がある
ことを知りました

この花を好きな人が
他にも大勢
いるなんて…

とてもうれしく
なりました

花が咲いて　やがて昔より　実になりました
→
種も5コ入っていました

葉のウラ

なつ

夏水仙 (ナツズイセン)
ヒガンバナ科

観賞用に栽培されるほか野生化して人里近くの草地などに生える多年草

古い時代に中国から渡来した

名前の由来

葉が「水仙」に似ていて
花が夏に咲く
ところから

花:淡紅紫色

花期:8〜9月

高さ:40〜70cm

★ナツズイセンと
キツネノカミソリ
は 共に先に
葉が出て
枯れたあとに
茎が伸びて
花をつけます

なつ

狐の剃刀
（キツネノカミソリ）
ヒガンバナ科
山野に生える多年草

|名前の由来|
花の色を狐の毛色に
葉の形を剃刀に
たとえた

花：黄赤色
花期：8〜9月
高さ：30〜50cm

なつ

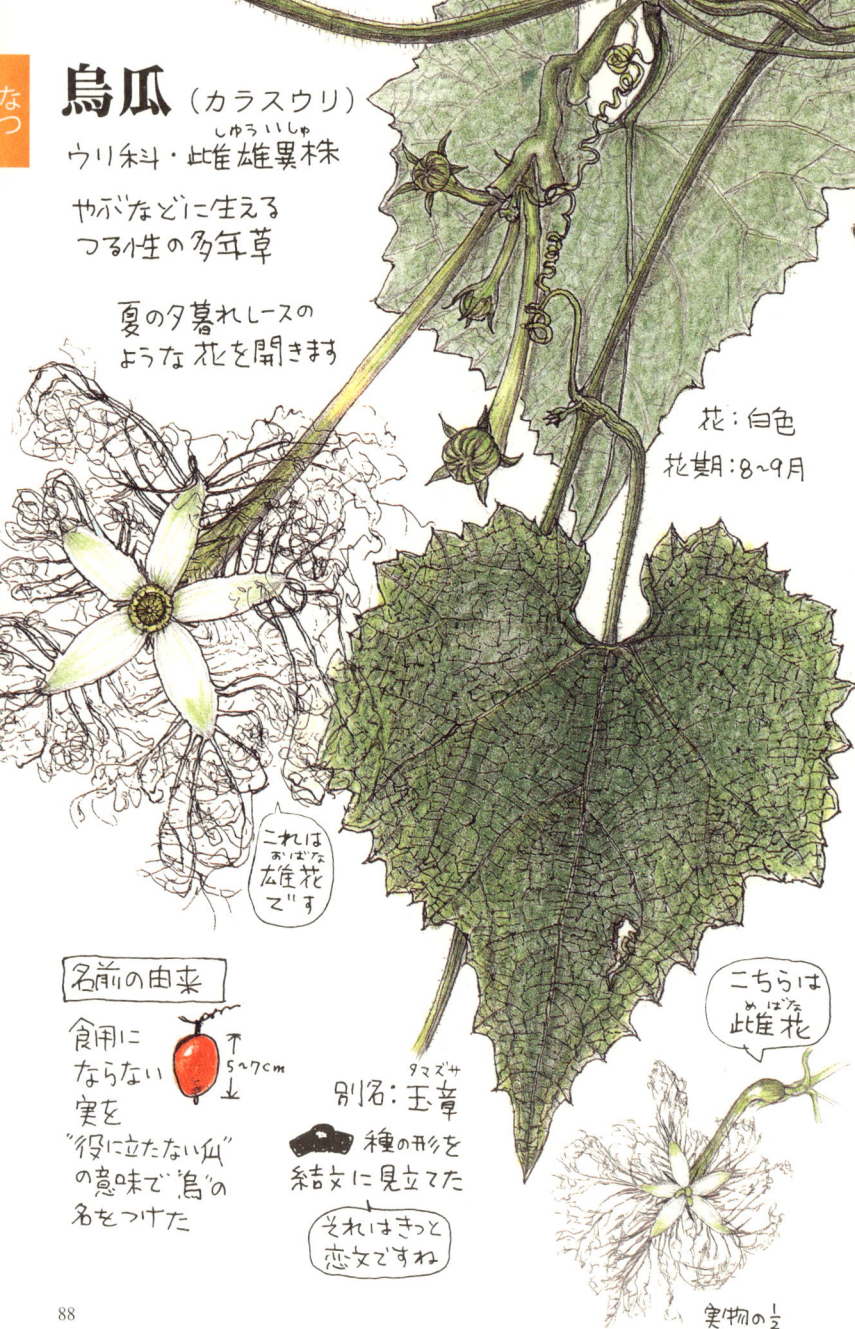

烏瓜 (カラスウリ)
ウリ科・雌雄異株(しゆういしゆ)

やぶなどに生える
つる性の多年草

夏の夕暮れレースの
ような花を開きます

花：白色
花期：8〜9月

これは
雄花(おばな)
です

こちらは
雌花(めばな)

名前の由来

食用に
ならない
実を
"役に立たない仏"
の意味で"烏"の
名をつけた

↑5〜7cm↓

別名：玉章(タマズサ)

種の形を
結文に見立てた

それはきっと
恋文ですね

実物の½

山杜鵑草
(ヤマホトトギス)
ユリ科

山野の林内に生える多年草

[名前の由来]
花びらに点々と入る斑点を
野鳥の杜鵑の胸の模様に
見立てた

同じ仲間には
「杜鵑草 (花期:8~9月)
「山路の杜鵑草」
　　　(花期:8~10月)

庭先などで
よく見かける園芸種の
「台湾杜鵑草」
　　　(花期:9~10月)
などがあります

なつ

ホトトギス
という
響きには
どこか
もの淋しい
秋の印象が
ありました

でもヤマホトトギスは
暑い夏　静まり返った
林の中で
ひっそり咲き出します

時が来れば
一人で咲き
散っていく

野の花の凛とした
姿に心打たれます

花:白色で
わずかに
紅紫色の斑点
花期:7~9月
高さ:40~70cm

なつ

金水引
（キンミズヒキ） バラ科

道ばたや草地に
生える多年草

名前の由来
細長い花の穂を
タデ科の
「水引」(P100)に
たとえた

実はひっつき虫
フック状の
トゲがあり
人や動物に
よって運ばれる

花：黄色
花期：
7〜10月
高さ：
30〜80cm

花：黄色
花期：
8〜9月
高さ：
30〜
60cm

"きれいな葉っぱ"と
思って夢中で
描いていたら
ついつい画面
いっぱいになって
しまいました
この葉は
15対〜35対の
小葉(しょうよう)からなる
偶数羽状複葉(ぐうすううじょうふくよう)
です

河原決明 (カワラケツメイ) マメ科

河原や道ばたに生える1年草

名前の由来

"河原に生える決明"の意味

決明はハブ茶にする「夷草(エビスグサ)」の漢名

豆果
種は四角です

なつ

なつ

洋種山牛蒡
（ヨウシュヤマゴボウ）

ヤマゴボウ科

道ばたや空き地に生える多年草
北アメリカ原産で明治初期に渡来

名前の由来　こちらは中国原産

同じ仲間の「山牛蒡」に似ていて
北アメリカからの
帰化植物
であること
から
"洋種"

別名：
アメリカ山牛蒡

なつ

ヨウシュヤマゴボウ女子きの私は
まるで木のように立っている
のをいつも惚れぼれ
眺めます♡

熟した実

アメリカでの呼び名は
インクベリー
(Ink Berry)

つぼみと花と
若いグリーンの実と
熟した紫の実
すべてがいちどに
楽しめます

色水遊び
ままごとの
ぶどうジュース!
でも飲めません
葉と茎は有毒
ですから

花：花びらは
ありません
花びらにみえる
萼は淡紅色を
帯びた白色

花期：
6〜9月

高さ：
1〜2m

花が→
終わると子房(しぼう)が
大きくなって実になります

なつ

屁糞蔓
（ヘクソカズラ）

アカネ科

日当たりの
よい
やぶや
草地に生える
つる性の
多年草

花：灰白色
花期：8〜9月

名前の由来

草全体の臭気による
"屁臭さ"が"屁糞"に
転じたともいわれる

別名①：灸花（ヤイトバナ）
花の内側の
紅紫色が
お灸のあとに
似ている
ところから

別名②：早乙女蔓（サオトメカズラ）
この名前がこの花の
かわいらしさを
よく表して
いそうですが
"屁糞"の
あまりの
インパクトに
たくさんの
同情が
集まって
かえって
よく覚えられて
いるような
気がします

私はこの臭いが
ほとんど気に
ならないのですが..

なつ

> おしべが目立つ
> 白い花は
> 植え込みなどに
> よくからみついて
> います

花:白色
(花びらにみえるのは萼(がく))
花期:8〜9月

仙人草
(センニンソウ)
キンポウゲ科
日当たりのよい道ばたや
林縁などに生える
つる性の半低木

名前の由来
花が終わると
果実の先に長くて
白い毛が生える
これを「仙人のヒゲ」
にたとえた

なつ

目弾き
（メハジキ）

シソ科

野原や道ばたに生える多年草

名前が子供の遊びからつけられたとは楽しいですね！

[名前の由来]

昔の子供たちが

茎を短く切ってまぶたに挟み目を閉じた勢いで遠くへ飛ばして遊んだことから

全体に白い毛が生えています

別名：益母草（ヤクモソウ）

これは漢方の名で全草を乾燥させたものを産前産後の保健薬としたところから

花：淡紅紫色
花期：7〜9月
高さ：50cm〜1.5m

♪涼しい風が
サーッと吹いたら
花のベルが
いっせいに
揺れました
ほら
やさしい音色が♪
聴こえてくるでしょ?

釣鐘人参
(ツリガネニンジン)

キキョウ科
山野に生える多年草

名前の由来
花が釣鐘形で
朝鮮人参に
似た根を
持つことによる

春先の若葉は
トトキと
呼ばれ
古くから山菜
として親しまれて
きました

花:淡紫色・白色
花期:8〜10月
高さ:40cm〜1m

なつ

なつ

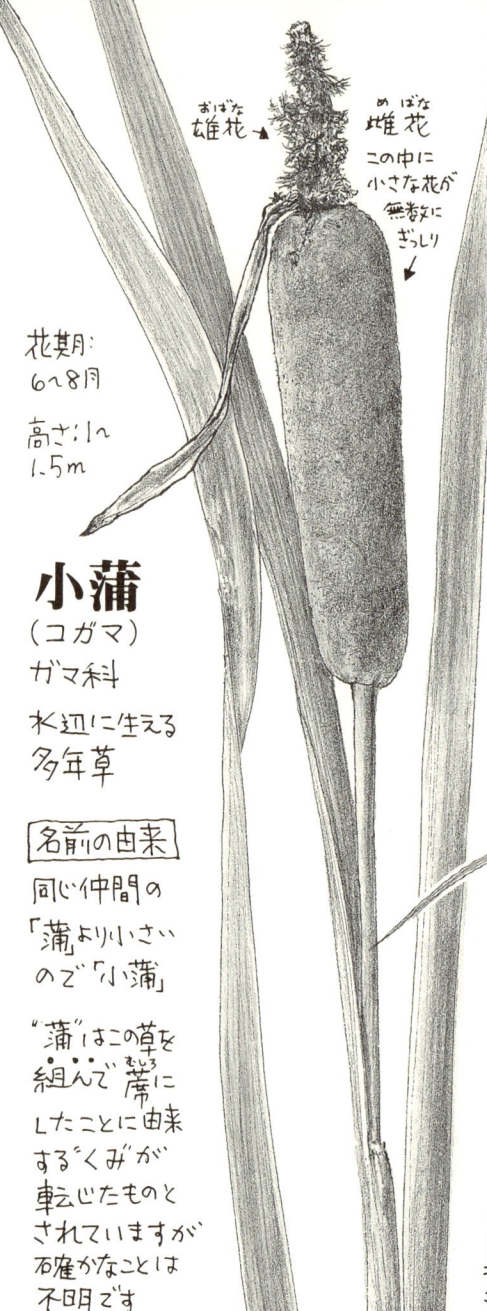

雄花 →
雌花
この中に小さな花が無数にぎっしり ↓

姫莎草
(ヒメクグ)

カヤツリグサ科

日当たりのよい湿ったところに生える多年草

|名前の由来|

「莎草」はカヤツリグサ科の仲間の古い呼び方
かわいらしいから"姫"

花期：
6〜8月

高さ：1〜1.5m

小蒲
(コガマ)

ガマ科

水辺に生える多年草

|名前の由来|

同じ仲間の「蒲より小さいので"小蒲"」

"蒲"はこの草を組んで蓆にしたことに由来する"くみ"が転じたものとされていますが確かなことは不明です

グリーンの小さな花の集まり

花期：
7〜10月

高さ：
5〜20cm

これは総苞片です
もむとかすかに甘くておいしいお菓子のような香りがします

草地で目をこらすと愛らしい姿が見つかります
私はたくさん採ってコップにさしました

烏の胡麻
(カラスノゴマ)

シナノキ科

道ばたに生える1年草

名前の由来
種が食用の胡麻に似ていても粗末で役に立たないことから"烏"

葉っぱにさわるとフカフカでいい気持ちなのは毛がいっぱいだから

ユーモラスな実の形

花：黄色
花期：8〜9月
高さ：30〜90cm

現の証拠
(ゲンノショウコ)

フウロソウ科

山野や道ばたに生える多年草

名前の由来
下痢止めとして有名で"飲むとすぐ効く"の意味

別名：神輿草(ミコシグサ)　実がはぜたあとの姿から

名前のイメージとは全然ちがってビックリ！の花

花：淡紅紫色・白色
花期：7〜10月
高さ：30〜70cm

なつ

あき

水引
（ミズヒキ）

タデ科
林のふちなどに
生える多年草

名前の由来

小さい花が
紅白の水引の
ようにみえる
ところから

花：花びらに
　みえるのは萼で
　上半部…赤色
　下半部…白色

花期：8〜10月

高さ：50〜80cm

銀水引（ギンミズヒキ）と
呼ばれるのは白花

紫狗尾草
（ムラサキエノコログサ）

穂が金色の
金狗尾草（キンエノコログサ）
もあります
すべてイネ科で
日当たりのよい道ばた
や荒れ地に生える
1年草
花期：8〜11月
高さ：30〜80cm

狗尾草
（エノコログサ）

狗（エノ）とは子犬のこと
"ロ"は尾がなまったもの
花の穂を子犬の尾に
たとえた

別名：猫じゃらし

吾亦紅
(ワレモコウ)

バラ科
山野の
日当たりのよい
草地に生える
多年草

あき

心に染みる
秋草の
シルエット

上から
順に
咲きます

名前の由来

昔 紅色の花を
集めるよう命じ
られた人が
ワレモコウを
採らなかったところ
「吾も亦紅なり」と
ワレモコウ自身が
主張したと
いう話から
元は「吾木香」
だったのが
この話が
広まって
「吾亦紅」に
なったそうです

(他の説もあります)

花：暗紫色
花期：8〜10月
高さ：50cm〜1m

「吾木香」
「我毛紅」
とも
書きます

101

あき

狐の孫 (キツネノマゴ)　ハエドクソウ科

道ばたなどにみられる1年草

[名前の由来]

花が次々咲いたあと種を飛ばし終わった果実の穂をキツネの尾に見立てた "孫" は穂のかわいらしさから

> ひまごもいます
> 沖縄でみられるのは葉の小さい
> キツネヒマゴ
> **狐の曾孫**

★熟しかけた果実を机の上におくと次々果実が裂けて種が1m以上も飛びます

いつもの道でピンクのかわいいまごたちが長い間咲き続けてくれます

花：淡紅紫色
花期：8〜10月
高さ：10〜40cm

菊芋 (キクイモ)

キク科

畑のすみや山麓に生える多年草

北アメリカ原産で幕末の頃渡来

あき

葉はザラザラしている

名前の由来
花が菊に似ていて地中に大きな芋をつくることから

戦時中は飼料として栽培された

花：黄色
花期：9〜10月
高さ：1.5〜3m

そっくりな
犬菊芋（イヌキクイモ）は
7月頃から咲き出します

あき

女郎花
(オミナエシ)

オミナエシ科

日当たりのよい山野の
草地に生える多年草

|名前の由来|

- 優しい姿から
  オミナは "女"(娘)の意味
  エシは "なるべし"を
  略したものとされた

- "女飯(おみなめし)"を語源とする
  説では
  エシを "飯"の訛った
  ものとし 小さな花を
  飯粒のように
  小さくて 美しい
  女の子に見立てた

"秋の七草"
のひとつ

花：黄色

花期：8〜
　　　10月

高さ：60cm〜
　　　1m

男郎花
(オトコエシ)

オミナエシ科

花：白色
花期：8〜10月
高さ：60cm〜1m

日当たりのよい
山野に生える
多年草

名前の由来
オミナエシより強く
丈夫そうにみえる
ところから

茎には毛がある

あき

あき

蔓穂
(ツルボ)

ユリ科

日当たりのよい草地に生える多年草

[名前の由来]

ツルボの語源は不明とされている

別名:参内傘(サンダイガサ)

昔 公家が宮中に参内する時 従者がさしかけた傘をたたんだ形に穂だになった花が似ているから

花:淡紅紫色
花期:8〜9月
高さ:30〜50cm

雁首草
(ガンクビソウ) キク科

山地の木陰などに生える多年草

[名前の由来]

下向きにつく頭花(とうか)がキセルの雁首に似ているから

これ以上開きません

花:黄色
花期:6〜10月
高さ:30cm〜1.5m

あき

鵯上戸
（ヒヨドリジョウゴ）

ナス科
山野に生えるつる性の多年草

名前の由来

鵯が好んで
実を食べる
ところから

花:白色
花期:8～9月

赤くて
きれいな
実です
人間には
有毒なので
ご注意
ください

山の木陰で出会った

匙雁首草
サジガンクビソウ

うつむいて咲いて
いたのは
ぺったんこの
黄色っぽい
花でした

"匙"は根元の
葉の形から

(½に縮小)

107

彼岸花 (ヒガンバナ)

ヒガンバナ科

田のあぜや土手などに
群生する多年草

[名前の由来]

秋の彼岸の頃に開花する
ことから

別名: 曼珠沙華(マンジュシャゲ)
梵語(サンスクリット語)で
赤い花の意味

別名の地方名は500以上と!

狐の松明(キツネノタイマツ)・火事花(カジバナ)・
痺れ花(シビレバナ)・地獄花(ジゴクバナ)・
死人花(シビトバナ)・幽霊花(ユウレイバナ)

などなど 不吉な
名前の多いこと!

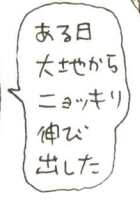

ある日
大地から
ニョッキリ
伸び
出した

数日後
皮を破って
つぼみが
たくさん
飛び出した

あき

花：鮮紅色
花期：9月
高さ：30〜50cm

中国からの帰化植物

ヒガンバナは中国原産で、古い時代に球根が海を渡って流れ着いたという説と、人手による渡来説があるそうです。
日本の秋の風景を彩る鮮やかな赤は、大陸の赤だったのですね。

あき

野豇豆
(ノササゲ) マメ科

山地の林縁などに
生えるつる性の多年草

[名前の由来]
"野に生える豇豆"
の意味 (実際は山)

別名：狐豇豆(キツネササゲ)
役に立たない豇豆
の意味

花：淡黄色
花期：8〜9月

豆果が熟すと目を
見張るような
美しい紫色に…
はぜると中には白粉を
かぶったような黒紫色の
種子が入っています

南蛮煙管
(ナンバンギセル)

ハマウツボ科

山野に生える
1年生の寄生植物

ススキ・ミョウガ・サトウキビ
などに寄生する
(寄生植物についてはP43)

花:淡紅色
花期:7〜9月

高さ:
15〜
20cm

名前の由来

花の咲いた
姿を南蛮人
が使っていた
マドロスパイプ
にたとえた

別名:思草（オモイグサ）

物思いに
ふけるような姿で
咲くところから

紅花襤褸菊
(ベニバナボロギク)

キク科
アフリカ原産の
1年草

あき

名前の由来

花のあとの
白い冠毛が
ボロ屑の
ようだから
紅花は
花の色に
よる

ボロだなんて!
まっ白い毛も
レンガ色の
花だって
捨てた
ものじゃない
のにと
この花に
肩入れ
したくなる
私です

花:レンガ色
花期:8〜10月
高さ:30〜70cm

あき

柚香菊 (ユウガギク) キク科

山野の草地や道ばたに生える多年草

葉は薄くてザラザラしない

名前の由来
"柚の香りがする菊"という意味
(葉をもんでみるとかすかに匂うような匂わないような…)

野菊とは

柚香菊や野紺菊の他、白山菊(シラヤマギク)・紫苑(シオン)・嫁菜(ヨメナ)など秋の野山でみられる菊の総称です。

花：白色でわずかに青紫色を帯びる
花期：7〜10月
高さ：40cm〜1.5m

野紺菊 (ノコンギク)

キク科

山野の
いたるところに
みられる多年草

あき

名前の由来
"野に生える紺菊"
の意味で
紺菊は古くから
観賞用として
栽培されている

花：淡青紫色
花期：8～11月
高さ：50cm〜
　　　1m

葉がざらついて
いるのが特徴

あき

姫昔蓬
（ヒメムカシヨモギ）

北アメリカ原産で道ばたや荒れ地に生える2年草

花：白色
花期：8〜10月
高さ：1〜2m

名前の由来

何やら由緒正しき身の上のような名前…

キク科ムカシヨモギ属であることはわかったのですが その先は不明でした

別名：
鉄道草（テツドウグサ）

明治維新の頃渡来して鉄道線路沿いに広がったことから

ヒメムカシヨモギは理論派？

じつはこの草、数学的にある一定の法則に従っています。葉の出る位置が135°ずつ回転しながらずれていて、すべての葉が効率よく、光を受けるようなしくみになっているのだそうです。

確かに立ち姿が整然として美しいのです。

薬師草 (ヤクシソウ)

キク科
山野の日当たりのよいところに
生える2年草

名前の由来

- 薬師堂のそばで最初に見つけられた
- 根元の葉が 薬師如来の光背に似ている
- 薬用にされた などの説があります

花が終わると下向きになる

花：黄色
花期：8～11月
高さ：30cm～1.2m

あき

釣舟草 (ツリフネソウ)

ツリフネソウ科
やや湿ったところに生える多年草

名前の由来
細い花柄の先に
つり下がって
咲く姿
から

クルリと巻いた
ところに蜜がたまる

花：紅紫色　花期：8～10月　　高さ：50～80cm

あき

風草
(カゼクサ)

イネ科

日当たりの
よい乾いた
ところに
生える多年草

名前の由来
・少しの風でも
　花の穂が
　揺れる
　ところから
・中国の「風知草(フウチソウ)」の
　誤認
　からなどの説が
　あります

ロマンチックな響き カゼクサ

別名：道芝(ミチシバ)

名前の由来
葉の形を
小さな魚(鮒)に
たとえた

別名：刈安(カリヤス)

八丈島では
黄八丈の
染料として
使っています

花：紫色を
帯びた小さな
穂をたくさんつける
花期：8～10月

高さ：50～80cm

小鮒草
(コブナグサ)

イネ科

湿った
草地や
道ばたに
生える
1年草

花期：9～11月

高さ：20～50cm

116

糠黍 (ヌカキビ)
イネ科

あき

道ばたや
林縁などに
生える1年草

名前の由来
小さな穂を
糠にたとえた

花期：7〜10月
高さ：30cm〜1.2m

いいね
この色この姿！
小糠雨が降るようで…

犬蓼 (イヌタデ) タデ科

道ばたや荒れ地に生える1年草

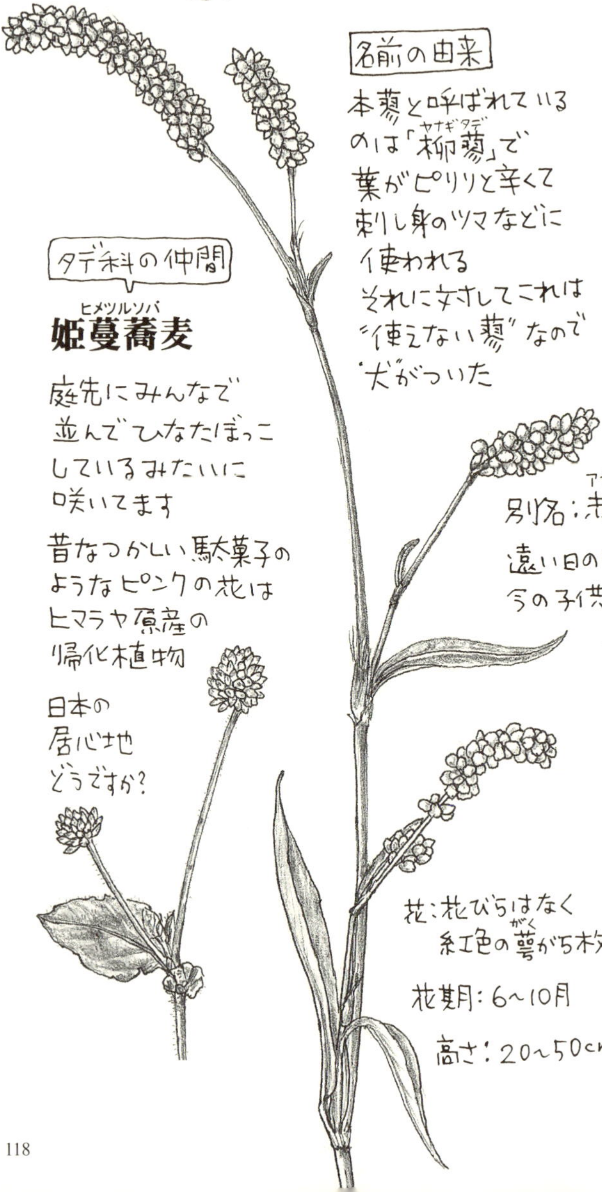

【名前の由来】
本蓼と呼ばれているのは「柳蓼(ヤナギタデ)」で葉がピリリと辛くて刺し身のツマなどに使われる
それに対してこれは"使えない蓼"なので"犬"がついた

【タデ科の仲間】
姫蔓蕎麦(ヒメツルソバ)

庭先にみんなで遊んでひなたぼっこしているみたいに咲いてます

昔なつかしい駄菓子のようなピンクの花はヒマラヤ原産の帰化植物

日本の居心地どうですか？

別名：赤飯(アカマンマ)

遠い日のままごと遊び今の子供たちは？

花：紅紫色
花期：6～10月
高さ：20～50cm

花：花びらはなく紅色の萼(がく)が5枚
花期：6～10月
高さ：20～50cm

あき

八重咲きが本来の
ものです
菊の名に
ふさわしい
風格！

あき

秋明菊
（シュウメイギク）

キク科
庭に植えられるほか
人里近くの林縁などに
生える多年草
古い時代に中国から
渡来し野生化している

名前の由来

秋に菊に似た花をつける
ことになる

別名：貴船菊（キブネギク）

京都の
貴船神社の
周辺に
多かった
ことから

こちらは **園芸種**
花びらが
一重で白と
ピンクがあります

119

小栴檀草（コセンダングサ）

あき

キク科
道ばたや荒れ地・河原などに生える
1年草で 世界の熱帯から暖帯に広く
　　　分布しているが原産地は
　　　　　不明

名前の由来

葉の形が植林の「栴檀の葉に似ているところから同心仲間の「栴檀草」より小さいので"小"がついた

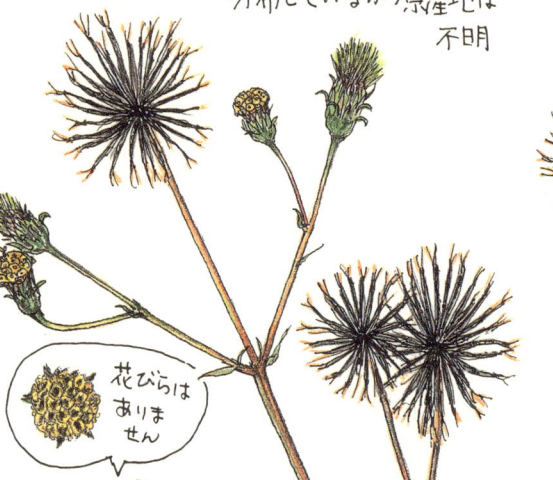

花びらは
ありま
せん

これも 実は
ひっつき虫

トゲは下向き・
カギジズ・剛毛

洋服にいちどついたら
もう大変! 以前
くっついた実にほとほと
　困りはてたネコの
　　写真をみた
　　ことがあります

いやに
なる
にゃぁ〜

仲間たちと見分けには

栴檀草（センダングサ）

黄色の
花びら

白の栴檀草（シロノセンダングサ）

白い花びらが
まばらにつく

花：黄色の頭花（とうか）
花期：9〜11月
高さ：50cm〜1.1m

石蕗 (ツワブキ) キク科

海岸や崖の岩や石の間に
自生する常緑性多年草

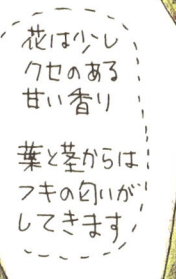

あき

花は少し
クセのある
甘い香り

葉と茎からは
フキの匂いが
してきます

ツワブキが
咲き始めたら
今年もそろそろ
おしまい

この本も
この花で
おしまいと
なりました

名前の由来

- 葉に光沢があって蕗の葉に
  似ていることから
  艶葉蕗（ツヤバブキ）とされ それが
  ツワブキに転じた
- 蕗に似ていて岩や石の間に
  生えるから"石蕗"
  などの説がある

花：黄色
花期：10〜12月
高さ：30〜75cm

大きい葉は
径が30cm以上
あります

おわりに

冬、地面に張りつくように葉を広げた草の姿に気づかれたことがあるでしょうか。

これは"ロゼット*"と呼ばれる草花の防寒スタイルで、この絵は、北風をさけながら冬の陽ざしを受けて春を待つ、タンポポのロゼットです。どの葉にも光が当たるように工夫されているのがわかります。

やがて暖かくなると、この葉は徐々に立ち上がってきます。

みずみずしい生命の誕生！　多摩丘陵の一年の始まりです。

私は多摩ニュータウンに移り住んで、今年でちょうど30年目になります。この間の発展は目覚ましく、山という山には高層マンションや団地が建ち並び、商業施設も充実、空にはモノレールが走るといった具合。ニュータウンの構想は次々と実現され、切り崩された山々から新しい都市が出現しました。

それでも丘陵の豊かな緑はあちこちに残されていて、四季折々の自然を充分に味わうことができます。

＊ロゼットとは本来、バラの花模様のことで、
　その呼び方が草の形にも使われています。

子育てが一段落した頃から、この素晴らしい自然をいつの日か、ここに住む方々と共感しあえたら…と考えるようになりました。

　思いがけなくそれが現実となったのは15年ほど前のことでした。

　植物が好きな方たちとのいくつかの出会いが重なって、地域の植物新聞を発行することになったのです。植物に大変くわしいパートナーに恵まれたことが何よりの幸運でした。

　『季節のたより』のタイトル通り、今咲いている花の絵と短い文を地図入りの記事にして、地域のコミュニティセンターに置かせていただきました。月1回の発行で約7年半続けましたが、この時の植物散歩の楽しかったこと！　あの頃の新鮮な感動が、今も私の大きな原動力になっています。そしてこのたびの『ののはなさんぽ』につながっていることを実感しています。

　自然は私たちに不思議な力を与えてくれます。

　この本が皆さまにとって、より自然に親しむキッカケになることができたとしたら、望外の幸せです。

　この本をつくるにあたって、種本尚子さんには、折にふれ温かいアドバイスをいただきました。心より感謝申し上げます。

　また今回、出版の機会を与えてくださったけやき出版の皆さまの惜しみないご協力に、厚くお礼申し上げます。

2008年　早春　五味岡玖壬子

さくいん

ア アカバナユウゲショウ　54
アキノタムラソウ　76
アズマイチゲ　13
アメリカスミレサイシン　17
イカリソウ　28
イチリンソウ　32
イヌゴマ　71
イヌタデ　118
ウマノアシガタ　35
ウマノスズクサ　82
ウメガサソウ　64
エノコログサ　100
エビネ　41
オオアラセイトウ　12
オオイヌノフグリ　9
オオバコ　60
オカトラノオ　63
オトコエシ　105
オドリコソウ　11
オニタビラコ　46
オニドコロ　75
オニユリ　83
オミナエシ　104

カ カキドオシ　26
カスマグサ　15
カゼクサ　116
カラスウリ　88
カラスノエンドウ　14
カラスノゴマ　99
カラスビシャク　42
カワラケツメイ　91
カワラナデシコ　77
ガンクビソウ　106
キキョウソウ　47
キクイモ　103

キツネアザミ　48
キツネノカミソリ　87
キツネノマゴ　102
キンミズヒキ　90
キンラン　38
ギンラン　39
クズ　79
クスダマツメクサ　57
クマガイソウ　36
ケキツネノボタン　51
ゲンノショウコ　99
コオニタビラコ　46
コガマ　98
コセンダングサ　120
コバノタツナミ　40
コブナグサ　116
コメツブツメクサ　57

サ サクラソウ　27
シャガ　25
ジュウニヒトエ　29
シュウメイギク　119
シュンラン　9
シロツメクサ　56
ジロボウエンゴサク　24
スギナ　18
スズメノエンドウ　15
スズメノヤリ　10
センニンソウ　95

タ タガラシ　35
タケニグサ　84
タチツボスミレ　16
チゴユリ　30
ツボスミレ　17
ツユクサ　59

ツリガネニンジン　97
ツリフネソウ　115
ツルボ　106
ツワブキ　121
トウダイグサ　18
ドクダミ　65

ナ ナガミヒナゲシ　44
ナズナ　20
ナツズイセン　86
ナンバンギセル　111
ニリンソウ　33
ニワゼキショウ　53
ヌカキビ　117
ネジバナ　59
ノアザミ　49
ノカンゾウ　73
ノコンギク　113
ノササゲ　110
ノハカタカラクサ　55

ハ ハゼラン　61
ハハコグサ　21
ハンゲショウ　74
ヒガンバナ　108
ヒトリシズカ　22
ヒナギキョウ　47
ヒメウズ　22
ヒメオドリコソウ　10
ヒメクグ　98
ヒメコバンソウ　50
ヒメジョオン　58
ヒメスミレ　16
ヒメヒオウギズイセン　70
ヒメムカシヨモギ　114
ヒヨドリジョウゴ　107
ヒルガオ　69
ヒルザキツキミソウ　54
フキ　8

フクジュソウ　8
ブタナ　45
フタリシズカ　23
フデリンドウ　29
ヘクソカズラ　94
ベニバナボロギク　111
ホウチャクソウ　21
ホオズキ　68
ホタルカズラ　28
ホタルブクロ　64
ホトケノザ　10

マ マツヨイグサ　66
マルバスミレ　16
ミズヒキ　100
ミツバツチグリ　19
ミヤマナルコユリ　31
ムシトリナデシコ　55
ムラサキエノコログサ　100
ムラサキケマン　24
ムラサキサギゴケ　26
ムラサキツメクサ　56
メハジキ　96
メマツヨイグサ　67

ヤ ヤクシソウ　115
ヤセウツボ　43
ヤブカンゾウ　72
ヤブジラミ　62
ヤマブキソウ　34
ヤマホトトギス　89
ヤマユリ　80
ヤマルリソウ　29
ユウガギク　112
ユキノシタ　52
ヨウシュヤマゴボウ　92

ワ ワレモコウ　101

参考文献

野に咲く花		山と渓谷社
山に咲く花		山と渓谷社
山渓 ポケット図鑑		山と渓谷社
原色 野草 観察 検索 図鑑	長田武正	保育社
原色 日本帰化植物図鑑	長田武正	保育社
牧野日本植物図鑑	牧野富太郎	北隆館
日本帰化植物写真図鑑		全国農村教育協会
雑草博士入門	岩瀬徹・川名興	全国農村教育協会
里山図鑑	おくやまひさし	ポプラ社
名前といわれ 野の草花図鑑	杉村昇	偕成社
四季花ごよみ		講談社
身近な雑草のゆかいな生き方	稲垣栄洋	草思社
植物ごよみ	湯浅浩史	朝日新聞社
植物学のおもしろさ	本田正次	朝日新聞社
雑草ノオト	柳宗民	毎日新聞社
花とみどりのことのは		幻冬舎
野や庭の昆虫	中山周平	小学館
花の日本語	山下景子	幻冬舎
旧多摩聖蹟記念館広報「雑木林」		多摩市教育委員会
草花ウォッチング	光田重幸	日本放送出版協会
Newton　2007・8月号		ニュートンプレス

SPECIAL THANKS
スペシャル サンクス

歌川道子さん

井上政江さん
岸本マサ子さん
清塚和子さん
鈴木美智子さん
波多野カオルさん
増田路子さん

他、大勢の方々のお陰でこの本をつくることができました。ありがとうございました。

五味岡玖壬子（ごみおか・くみこ）

1947年北海道厚田村（現・石狩市）生まれ。
広告代理店・家電メーカーでデザインの仕事に携わる。
1978年より多摩ニュータウンで暮らす。
著書に『季節のたより　多摩ニュータウンの植物』（けやき出版）がある。
2003年より、団地・マンション新聞『ザ・ファミリー』紙にて「草色ノート」を連載。

原寸図鑑　ののはなさんぽ
──多摩ニュータウンのいちねん──

2008年3月7日　第1刷　発行

絵と文　五味岡玖壬子
発行者　清水　定
発行所　株式会社けやき出版
　　　　〒190-0023　東京都立川市柴崎町3-9-6
　　　　TEL042(525)9909　FAX042(524)7736
　　　　http://www.keyaki-s.co.jp
印刷所　株式会社平河工業社

©Kumiko Gomioka 2008
ISBN978-4-87751-358-0
落丁・乱丁本はお取替えいたします